例題から学ぶ
微分方程式

二宮春樹 著

培風館

本書の無断複写は,著作権法上での例外を除き,禁じられています。
本書を複写される場合は,その都度当社の許諾を得てください。

まえがき

　本書は，微分方程式のエレメンタリーな解法を紹介・説明した入門的解説書です．本書を著すにあたって，つぎの5つの基準を設けました．
 (1) 工科系の学生を対象にすること．
 (2) 標準以上のレベルを越えないこと．
 (3) 数学科向きの記述にならないこと．
 (4) 例題重点主義であること．
 (5) 数学の学力不足のひとでも，勉強すればそれなりの効果があること．
　この基準をクリアーするために，エレメンタリーな解法のなかから適宜取捨選択したものを証明なしで解説することにしました．このことが，かえって読む人の煩いにならなかったかを恐れていますが，それなりの工夫・努力はしました (本文中，陰の読者がときに質問を入れる形で本書は進行します．演習問題の解答は極力詳しくつけました．ただし，問題番号に＊印を付けてあるものはほとんど結論を記しただけにとどめています．それらを得るまでの計算・論証は読者自ら行ってください)．
　本書は2つのパートからできています．
前半の第I部 (1章・2章・3章) は常微分方程式
後半の第II部 (4章・5章・6章) は偏微分方程式
を扱っています．ただし3章 (6章) では，1章・2章 (4章・5章) で必要とされる数学の定理のうちでいくつかについて記述されています．それらはひょっとするとずいぶん難しいと思われるかもしれませんが，自ら課した上記の基準を破ったかも知れません，平に御容赦の程を．
　屋上の屋のそのまた屋に屋を重ねる本になったか，ならなかったか．このような本の存在の価値，ありや・なしや，をきめるのは読者です．どうか御活用下さることを願ってやみません．願わくば，読者の数学力の弥増しにならんことを．
　編集部の岩田誠司さんには筆者の原稿に対してきわめて的確なアドバイスをいただきました．また石黒俊雄さんとともに校正の労をとっていただきまし

た．お二人のサポートなしでは本書出版はありません．末筆になりますが深く感謝いたします．

  2002年 新春   著　者

目 次

── Part I　常微分方程式 ──

1章　微分方程式を立ててみよう(つくってみよう) ……………3
　　例題1　[微分法復習]　8

2章　微分方程式を解いてみよう ………………………………11
　2.1　1階微分方程式　11
　　例題2　[正規型；ピカール法]　12
　　例題3　[変数分離型]　14
　　例題4　[斉次型]　17
　　例題5　[線形]　19
　　例題6　[ベルヌイ方程式]　21
　　例題7　[完全微分]　23
　　例題8　[積分因子]　27
　　例題9　[ラグランジュ・クレロー方程式]　31

　2.2　高階微分方程式　34
　　例題10　[繰り返し積分]　34
　　例題11　[高次の微分方程式]　34
　　例題12　[階数低減法]　35

　2.3　線形微分方程式　36
　　例題13　[解の基本系]　38
　　例題14　[非斉次形(パラメータ変化法)]　40
　　例題15　[定数係数2階線形斉次微分方程式]　43

例題 16 ［定数係数 2 階線形非斉次微分方程式］　46
例題 17 ［定数係数高階線形斉次微分方程式］　50
例題 18 ［定数係数高階線形非斉次微分方程式］　51

2.4　応　　用　53
例題 19 ［オイラー方程式］　56
例題 20 ［連立微分方程式］　59
例題 21 ［線形自励系］　67
例題 22 ［自励系］　70

2.5　解析的微分方程式　72
例題 23 ［べき級数法 1］　73
例題 24 ［べき級数法 2］　77
例題 25 ［べき級数法 3］　80

2.6　逐次近似法　83
例題 26 ［近似計算］　85
例題 27 ［ルンゲ・クッタ法］　88

3 章　定　　理　……………………………………90

3.1　常微分方程式の解の存在とその一意性に関する基本定理　90
3.2　1 階線形連立方程式の解の存在と一意性　92
3.3　n 階線形微分方程式の解の存在と一意性　94
3.4　べき級数に関する基本定理　96
3.5　べき級数解の存在を保証する基本定理　97
3.6　1 変数関数のテーラー（マクローリン）展開に関する定理　98

─── Part II　偏微分方程式 ───

4章　偏微分方程式を立てて(つくって)みよう ……………101

例題 28［偏微分法復習］　　103

5章　偏微分方程式を解いてみよう ……………………107

5.1　1階偏微分方程式　　107
例題 29［定数係数 1 階線形偏微分方程式］　　108
例題 30［変数係数 1 階偏微分方程式］　　110

5.2　2階偏微分方程式　　111
例題 31［定数係数 2 階線形斉次偏微分方程式］　　111

5.3　初期値問題　　113
例題 32［2 階偏微分方程式（ダランベール法）］　　113

5.4　フーリエ級数　　114
例題 33［フーリエ級数］　　116
例題 34［正弦展開・余弦展開］　　121
例題 35［常微分方程式への応用］　　122

5.5　境界値問題　　123
例題 36［2 階常微分方程式］　　124
例題 37［ラプラス方程式 1］　　127
例題 38［ラプラス方程式 2］　　131

5.6　初期値・境界値問題　　132
例題 39［1 次元波動方程式］　　132
例題 40［2 次元波動方程式］　　136
例題 41［熱伝導方程式］　　138

5.7 解法補足（ラプラス変換・ラプラス逆変換） 141
 例題 42 ［適用例 1］　143
 例題 43 ［適用例 2］　144
 例題 44 ［適用例 3］　144

6章　定　　理 ……………………………………………146

6.1 フーリエ級数の収束について　146
6.2 ラプラス変換の存在について　148
6.3 導関数のラプラス変換公式について　149
6.4 ガンマ関数に関して　150

演習問題の略解 ………………………………………………153
索　　引 ………………………………………………………185

Part I 常微分方程式

1章　微分方程式を立ててみよう
（つくってみよう）

T. 　微分方程式の授業を始めます．A さんどうぞよろしく．さてこれから現れる関数達の連続性・微分可能性について何もいわない場合は，それらは計算に必要な範囲で暗黙のうちに仮定されていると思ってください．断りのないかぎりですが，関数，変数および数は，それぞれ，実数値関数，実数の変数，実数とします．それから，しばしば使うことになりますが，大文字の C あるいは添え数のついた大文字の C_i（i はある数字）は任意定数・積分定数を表します．また，絶対値記号の入った対数関数と，そうでない対数関数が使われますが，絶対値記号がないときは，真数条件を暗黙のうちに仮定しているものと思ってください．
A. 　先生，わかりやすい授業をお願いします，微積分とか線形代数のこと，忘れていることや習ってないことがたくさんあると思いますので．

　著者が大学 1 年生のとき履修した哲学の授業のなかで先生から聞いたつぎの話がいまでも印象に残っている：古代ギリシャの哲学者ゼノンはこう言った，"飛ぶ矢は止まっている．弓から放たれた弓矢は飛んでいるように見えるがそれは幻にすぎぬ．この世に変化・運動は存在せず，静止したままの世界である．われわれは幻を見ているにすぎないのだ"と．

　飛ぶ矢は止まっているというのはつぎの理由による．もしも本当に飛んでいるとせよ．されば手元の点 A と異なる点 B があって矢は A から B に移動したことになる．しかしである，A から B に移動できるためにはその中間点 C を通過せねばならず，A から C に移動できるためにはその中間点 D を通過せねばならぬ，以下これを無限に繰り返すことになる．よくみたまえ，結局，弓矢は手元からまったく動いていないではないか！

　この話を初めて聞いたときはその論法に感動して寮の同級生と夜遅くまでいろいろ議論をした．懐かしくも楽しくもある経験だった．

　さてゼノン氏の断言にかかわらず，めまぐるしく変化を繰り返す世の中にわれわれは生きている．ところで，変化・運動という現象は無秩序に現れているのだろうか，それともある法則によっておきているのだろうか？

自然界におきるさまざまな現象を注意深く観察・研究した先人たちは，それらの背後に潜む法則を発見し，その結果を数式で表現することに成功した（このような発見は現在も引き続き行われている）．それは微分方程式とよばれる方程式の形で表される．彼らは，その解が現象をコントロールする鍵であり，その鍵をみつけることによって，現象発生のからくりが解明されることを発見した．日々の生活の恩恵はかれら先人の賜物なのである．

例をいくつかあげよう．

例 1. ニュートンは，運動する物体には働く力 F はその質量 m と加速度 α に比例すること，すなわち

$$F = m\alpha$$

を発見した．加速度は，位置を表す関数を時間変数 t について 2 回微分した形で表されるから，この式は微分方程式である． ■

例 2. 図のような抵抗 R の抵抗器とインダクタンス L のインダクタのある直流回路を流れる電流 $i = i(t)$ と交流電圧 $v(t)$ は，キルヒホッフの第 2 法則によって

$$L\frac{di}{dt} + Ri = v(t)$$

をみたす． ■

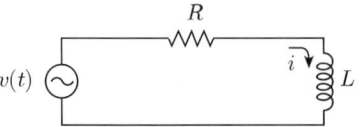

例 3. 質量 m の物体をバネ定数 k のバネ (その質量は十分小とする) につるしたときのバネの変位 x は，ニュートンの第 2 運動法則によって

$$m\frac{d^2 x}{dt^2} = -kx$$

をみたす． ■

例 4. 流体中を運動する物体はその流体の粘性によって減衰力が働く．そのような例として，図 (a) のようなダンパがある．これを図式化すれば図 (b) のようになる (m は質量，k はバネ定数を表す)．このとき，粘性係数を c とすれば，ニュートンの第 2 運動法則によって

$$m\frac{d^2x}{dt^2} = -c\frac{dx}{dt} - kx$$

が成り立つ.

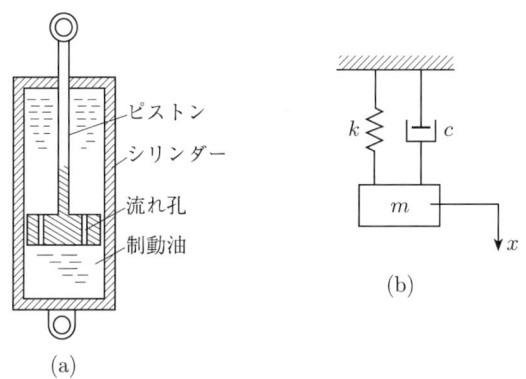

例 5. ウイルヘルミーは化学反応速度論について最初の研究論文を発表した．スクロースとよばれる物質 ($C_{12}H_{22}O_{11}$) の，さまざまな酸の水溶液中における加水分解の速度を調べた彼は，スクロースの濃度 c の減少速度が未反応で残ったスクロースの濃度に比例することを発見した．数式で表現すると次のようになる：

$$\frac{dc}{dt} = -kc.$$

例 6. ファラデーの法則 (ファラデーの電磁誘導の法則)：ファラデーの行った実験結果によって，回路に誘導される起電力 U は回路の鎖交磁束 Φ の時間的に変化する割合に等しい，ことがわかった．これを数式で表すと

$$U = -\frac{d\Phi}{dt}$$

となる.

例 7. ビオ・サバールの法則：エールステッドは，針のついた磁石の近くにおいた導線に電流を流すと磁石の針が動くことを発見・観察した．電流はその周りに磁界を発生させる，という法則の認識である．つづいてアンペアは，実験の結果，直線電流のひきおこす磁力線は，電流路をとりまく円周方向の閉曲線であり，磁界方向に右ネジを回すときそのネジの進行方向が電流の進む方向であることを発見した．この発見後，ビオとサバールは，電流の微小部分 ds のつくる微小磁界 dH は，電流の強さ I と距離 r，および角度 θ (次図参照) に

よってつぎのような関係のあることを推測し、それが正しいことを実験で確かめた：

$$dH = \frac{I\sin\theta\,ds}{4\pi r^2}.$$

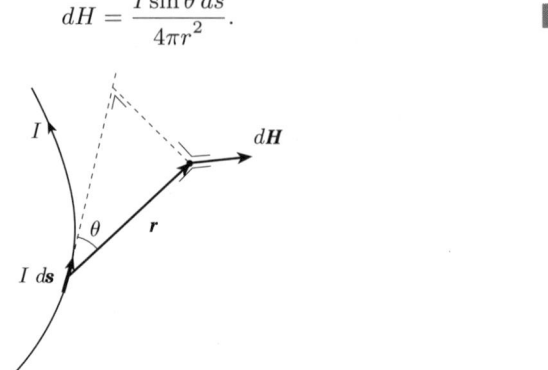

例 8. マクスウェルは，電磁界に関する実験の結果発見された 4 つの法則をもとに変位電流という概念を導入し，電磁界の基本法則を微分方程式の形にまとめた．それらがいわゆるマクスウェル方程式といわれる 4 つの (偏) 微分方程式である．(例 7 で記したように伝導電流は磁界を発生させるが) 変位電流も理論上磁界を発生させることが導かれる．これは実験で確認された．彼はその方程式を解くことによって，空間を光速で伝わる電磁波の存在することを理論的に予言した．後にヘルツによって，実験の結果それは確かに存在することが証明された．

以上の例から垣間見られるように，我々の毎日の生活に，目には見えない無数に多くの微分方程式がどれほど大きな力を与えているかが知られる．

さてそもそも微分方程式とは何だろうか？ あまり一般的にならない範囲で話をすすめよう．

定義 1.1　変数 x に関する未知関数を y とするとき，例えば $e^x + y - y' - y^{(n)} = 0$ のような，

$$F(x, y, y', y'', \cdots, y^{(n)}) = 0$$

の形の方程式 (すなわち，x と y およびその導関数 $y', y'', \cdots, y^{(n)}$ の間に成り立つ関係を表現した式) を **n 階 (常) 微分方程式**という．

関数 $F(x, y, y', y'', \cdots, y^{(n)})$ の y に関数 $f(x)$ を代入して，$F(x, f(x), f'(x),$

$\cdots, f^{(n)}(x))$ が恒等的に 0 になる (例えば $e^x + y - y' - y^{(n)}$ に $y = e^x$ を代入すると 0 になる) とき, $f(x)$ は n 階微分方程式 $F(x, y, y', y'', \cdots, y^{(n)}) = 0$ の**解**であるという. このとき, 関数 $y = f(x)$ のグラフを**積分曲線**とよぶ. ■

なお, 解 y はいつでも $y = f(x)$ のような形で表示される (正確な言い方ではないが, 解 y が x の関数として具体的に表されること) とは限らず, 陰関数表示される, すなわち, ある関数 G があって $G(x, y) = 0$ の形で表されることがしばしばある. その場合は, その陰関数表示された式 $G(x, y) = 0$ によって解が求められた, とする.

Question なんかよくわかりません, その一"陰関数"なんとかいうのが. もうちょっと具体的に説明してください.

T. 例えば, 微分方程式 $y' = 2x$ の解 y は $y = x^2 + C$ と表されます. 一方, 微分方程式 $x + yy' = 0$ の解 y は $x^2 + y^2 - C^2 = 0$ (すなわち $x^2 + y^2 = C^2$) で表されます. そこでこのことを, 解 y は $x^2 + y^2 - C^2 = 0$ (つまり $x^2 + y^2 = C^2$) によって**陰関数表示**される, というのですよ. この場合の関数 G は, $G(x, y) = x^2 + y^2 - C^2$ ですね.

このような事情があるので, 本書では解を表すのに**一般解**という解と**一般積分**という名称の解の 2 つの解を区別して使うことにしよう.

以下の①, ②のように区別する:

① n 階微分方程式において, 解 y が n 個の任意定数 $C_1, C_2, \cdots, C_n$ を含む関数 $(y = f(x, C_1, C_2, \cdots, C_n)$ のような形$)$ で表されるとき, その解 y を**一般解**という.

例えば, $y = C_1 x^2 + C_2 x + C_3$ は 3 階微分方程式 $y''' = 0$ の一般解である.

② n 階微分方程式において, 解 y が n 個の任意定数 $C_1, C_2, \cdots, C_n$ を含む関数を用いて**陰関数表示される**, すなわち, 解 y に対してある関数 G があって $G(x, y, C_1, C_2, \cdots, C_n) = 0$ の形の式が成立するとき, その陰関数表示された式 $G(x, y, C_1, C_2, \cdots, C_n) = 0$ を微分方程式の**一般積分**という. そして, 解 y は一般積分 $(G(x, y, C_1, C_2, \cdots, C_n) = 0)$ で表されるという.

例えば, $x^2 + y^2 - C^2 = 0$ は 1 階微分方程式 $x + yy' = 0$ の一般積分である.

注意 微積分で学んだ積分と, 上の**積分**を混同しないように.

Question うーん, さっぱりわかりません! そんなゴチャゴチャッとしたことがわからないと, さきにすすめないんですか?

T. そんなことありませんよ．気にせずにすすんでください．

つぎに微分方程式を導く一つの方法について述べる．

要項 n 個の任意定数 $C_1, C_2, \cdots, C_n$ を含む方程式
$$\overset{\text{ファイ}}{\Phi}(x, y, C_1, C_2, \cdots, C_n) = 0$$
が与えられたとする．このとき
$$\Phi = 0, \quad \frac{d\Phi}{dx} = 0, \quad \frac{d^2\Phi}{dx^2} = 0, \quad \cdots, \quad \frac{d^n\Phi}{dx^n} = 0$$
から n 個の任意定数 $C_1, C_2, \cdots, C_n$ を消去すると，解 y が一般積分または一般解で表される n 階微分方程式が得られる．

例題 1 ［微分法の復習］

2 個の任意定数 C_1, C_2 を用いて表される関数 $C_1(x+C_2)^2$ が一般解となる微分方程式を求めよ．

[解] $\Phi(x, y, C_1, C_2) = y - C_1(x+C_2)^2$ とおく．
$$\Phi(x, y, C_1, C_2) = 0, \quad \frac{d\Phi(x, y, C_1, C_2)}{dx} = 0, \quad \frac{d^2\Phi(x, y, C_1, C_2)}{dx^2} = 0$$
から
$$y - C_1(x+C_2)^2 = 0, \quad y' - 2C_1(x+C_2) = 0, \quad y'' - 2C_1 = 0.$$
したがって
$$y = C_1(x+C_2)^2, \quad y' = 2C_1(x+C_2), \quad y'' = 2C_1.$$
これらより C_1, C_2 を消去すると，
$$2yy'' = y'^2, \quad \text{すなわち} \quad y'^2 - 2yy'' = 0$$
を得る．
 逆に，$y'^2 - 2yy''$ に $y = C_1(x+C_2)^2$ を代入すると恒等的に 0 になる．よって
$$y'^2 - 2yy'' = 0.$$

別解 (以下のように解答してもよい)
$y = C_1(x+C_2)^2$ とおくと
$$y' = 2C_1(x+C_2), \quad y'' = 2C_1.$$
したがって,
$$y = C_1(x+C_2)^2, \quad y' = 2C_1(x+C_2), \quad y'' = 2C_1$$
から C_1, C_2 を消去すると,
$$2yy'' = y'^2. \quad \text{すなわち} \quad y'^2 - 2yy'' = 0.$$ ■

Question $y'' = 2C_1$ だったら $y''' = 0$ でしょう？ ［解］の答えは間違いとちがいますか？

T. 間違いではありません．あなたのおっしゃるのももっともですが, $C_1(x+C_2)^2$ は 2 つの任意定数を含んでいることに注意してください．さっき書きましたが, $y''' = 0$ の解は 3 つの任意定数を含んでいましたね．

▶ **演習 1**
(1) 関数 $\sin(x+C)$ が一般解となる微分方程式を求めよ．
(2) $y = C_1 e^x + C_2 e^{-x}$ が一般解となる微分方程式を求めよ．
(3) $y = (C_1 + C_2 x)e^x$ が一般解となる微分方程式を求めよ．
(4) $x^2 + y^2 = C^2$ を積分曲線とする微分方程式を求めよ．
(5) 楕円 $x^2 + 2y^2 = a^2$ に直交する曲線を積分曲線とする微分方程式求めよ．
(6) $x^2 - xy + y^2 = C^2$ は $(x-2y)y' = 2x - y$ の一般積分であることを示せ．
(7)* 座標平面において原点を中心とする半径 r の円がある．動点 P が時刻 $t = 0$ で点 $(r, 0)$ を出発し, x 軸を正の向きに動くとする．時刻 t における点 P の位置を $(x(t), 0)$, P からこの円に引いた 2 本の接線の接点を Q, R とし, $\theta = \theta(t) = \angle\text{QPR}$ とする．

(i) $\dfrac{d\theta}{dt}$ と $\dfrac{dx}{dt}$ の関係を x と r を用いて表せ．

(ii) $\dfrac{d\theta}{dt} = -\dfrac{1}{x^2}$ のとき x を r と t を用いて表せ．

(iii) $\lim\limits_{t \to \infty} \dfrac{dx}{dt}$ を求めよ．

(8)* $f(x)$ は $0 < x < 4$ で定義された微分可能な関数で, $f(1) = 1$ かつ $f(x) > 0$ をつねにみたし, さらに曲線 $C : y = f(x)$ はつぎの性質をもっているという．C 上の点 P における C の接線 l が x 軸, y 軸と交わる点をそれぞれ Q, R とし, P を通って l に垂直な直線が x 軸と交わる点を S とするとき, すべての点 P について $\dfrac{\text{PQ}}{\text{PR}} = \dfrac{\text{PS}}{\text{RQ}}$ が成り立つ．このとき, $f(x)$ のみたす微分方程式を求めよ．

(9)* P は第 1 象限を y 座標が増加する方向に動く点で, 時刻 t のとき, その位置

は $x = 4 - f(t)$, $y = f(t)$ で与えられ，その速さは xy に等しいという．$f(t)$ のみたす微分方程式を求めよ．また，$g(t) = \dfrac{1}{f(t)}$ とおいたとき，$g(t)$ のみたす微分方程式を求めよ．

(10)* $x > 0$ で定義され，つねに $f''(x) < 0$ をみたす関数 $f(x)$ がある．曲線 $y = f(x)$ の任意の点 $\mathrm{P}(x, y)$ における接線と直線 $y = 1$ との交点を Q，原点を O とするとき，$\angle \mathrm{PQO}$ はつねに直角である．$f(x)$ のみたす微分方程式を求めよ．

(11)* 関数 $r(t)$, $\theta(t)$ は t に関して微分可能とし，
$$\begin{cases} x(t) = r(t) \cos \theta(t) \\ y(t) = r(t) \sin \theta(t) \end{cases}$$
とおく．ただし，$r(0) = 1$, $\theta(0) = 0$, $r(t) > 0$ とする．関数 $x(t), y(t)$ が
$$\frac{dx}{dt} = x - y, \quad \frac{dy}{dt} = x + y$$
をみたしているとき，$r(t), \theta(t)$ のみたす微分方程式を求めよ．

(12)* 連続関数 $x(t)$ が $x(t) = 1 + \displaystyle\int_0^t e^{-2(t-s)} x(s) \, ds$ をみたすとする．$x(t)$ のみたす微分方程式をつくれ．

(13)* 曲線 $y = f(x)$ ($x \geqq 0$) 上の点 $\mathrm{P}(x, y)$ における法線が x 軸と交わる点を Q とし，線分 PQ の中点を R とする．
  (i) 点 R の座標を x, y, y' を用いて表せ．
  (ii) 点 R がつねに放物線 $y^2 = x$ 上にあるとき，$y = f(x)$ のみたす微分方程式をつくれ．
  (iii) (ii) において $z = e^{-x} y^2$ としたとき，z のみたす微分方程式をつくれ．

2章　微分方程式を解いてみよう

2.1　1階微分方程式

1階微分方程式 $F(x,y,y')=0$ の解法を初等的な範囲内でいくつかのタイプに分類して紹介しよう．

定義 2.1　未知関数 y に関する1階微分方程式 $F(x,y,y')=0$ を y' について解いて表した

$$y' = f(x,y)$$

の形の微分方程式を**正規型**という．

Memo　場合によっては，変数を y, 未知関数を x とみなして，$\dfrac{dy}{dx}=y'=f(x,y)$ を $\dfrac{dx}{dy}=\dfrac{1}{f(x,y)}$ と表した方程式を解く方が簡単なことがある．

定義 2.2　$f(x,y)$ が $f(x,y)=-\dfrac{P(x,y)}{Q(x,y)}$ の形をした関数の場合，微分方程式 $y'=f(x,y)$ を

$$P(x,y)\,dx + Q(x,y)\,dy = 0$$

とも表す．この表し方はよく使われる．

Question　$y' = \dfrac{dy}{dx}$ なので，y' は割り算 $dy \div dx$ ということですね？

T．　そうです，とはいえませんが，**いまの場合は**そう思ってかまいません．$\dfrac{dy}{dx}$ でワンセットの記号です．でも分子と分母の微分記号をばらばらにして考えて形式的に計算処理することがよくあります．では dx, dy はなにかといいますと，それぞれ，x の微分, y の微分を表す記号です．いわゆる全微分としての微分記号なのです．

$$\lim_{\Delta x \to 0} \Delta x = dx, \quad \lim_{\Delta y \to 0} \Delta y = dy$$

ではありませんよ．

> **定義 2.3** ある値 x_0, y_0 に対して，$x = x_0$ のとき $y = y_0$ となる $y' = f(x,y)$ の解を求めることを微分方程式 $y' = f(x,y)$ の**初期値問題（コーシー問題）**を解くという．このときの y_0 を**初期値**といい，**初期条件** $y(x_0) = y_0$ のもとで $y' = f(x,y)$ の初期値問題（コーシー問題）を解くという．

要項 正規型方程式の初期値問題の解はただ一つ決まる（正確には 3 章参照）： y_0 をあらかじめ与えられた値とするとき，$x = x_0$ のとき $y = y_0$ となる $y' = f(x,y)$ の解 y は 1 つ，しかもただ一つ決まる（例えば $x = 0$ のとき $y = 1$ となる $y' = 2x$ の解は $y = x^2 + 1$ 以外に存在しない）．

ピカールの方法（正確には 3 章参照）：関数 $f(x,y)$ が $(x,y) = (a,b)$ を含む領域で定義されているとして，$y' = f(x,y),\ y(a) = b$ となる解 y を求めるには

$$y_1(x) = b,$$
$$y_2(x) = \int_a^x f(t, y_1(t))\,dt + b,$$
$$\cdots\cdots$$
$$y_n(x) = \int_a^x f(t, y_{n-1}(t))\,dt + b,$$
$$y = \lim_{n \to \infty} y_n(x)$$

の順に計算する．

例題 2 [正規型：ピカール法]

初期条件 $y(0) = a$ のもとで $y' = y$ の初期値問題を解け．

[解] $y_1(x) = a,\ y_2(x) = \int_0^x y_1(t)\,dt + a,$ 一般に $y_n(x) = \int_0^x y_{n-1}(t)\,dt + a$ とおくと，

$$y_2(x) = \int_0^x a\,dt + a = a(1 + x),$$
$$y_3(x) = \int_0^x a(1 + t)\,dt + a = a\left(1 + x + \frac{x^2}{2!}\right),$$

$$y_n(x) = \int_0^x a\Big\{1 + t + \frac{t^2}{2!} + \cdots + \frac{t^{n-2}}{(n-2)!}\Big\}dt + a$$
$$= a\Big(1 + x + \frac{x^2}{2!} + \cdots + \frac{x^{n-1}}{(n-1)!}\Big).$$

よって
$$y = \lim_{n\to\infty} y_n(x) = a\sum_{n=0}^{\infty}\frac{x^n}{n!} = a\exp x.$$

Question $\exp x$!? な，なんですか，それ？

T. 関数記号 $\overset{\text{エキスポネンシャル}}{\exp} x$ は指数関数 e^x のことです．指数関数を表すとき $\exp x$ を使ったり e^x を使ったりします．慣れるまで大変でしょうがはやく使い慣れしましょう．これからときどきこの関数記号を使いますよ．

　ついでに書いておきます．**自然対数**としての関数記号 $\log x$ は，**常用対数** (底が 10 の対数) として用いられるとき底の 10 を省略してまったく同じ記号で $\log x$ が用いられます．混乱がおきますねー．そこで，混乱がおきる恐れがあるときは，自然対数としての関数記号は $\ln x$ と表します．工学系ではこちらの記号が用いられるようですね．$\ln x = l \times n \times x$ と思わないでくださいよ．

▶**演習 2**

(1) 初期条件 $y(0) = 1$ のもとで，初期値問題 $y' = x + y$ をピカール法を用いて解け．

(2)* 2 つの関数 $f(x) = x^2$, $g(x) = |x-1|$ に対して，合成関数 $f_n(x)$ $(n \geq 1)$ を

$$f_1(x) = g(f(x)), \quad f_{n+1}(x) = g(f_n(x))$$

と定める．いま，曲線 $C_n : y = f_n(x)$ と x 軸とで囲まれる部分の面積を S_n とするとき，

(i) S_1 を求めよ．

(ii) 曲線 C_3 の概形を描け．

(iii) $S_{2n+1} - S_{2n-1}$ を求めよ．

以下，正規型の微分方程式の中で典型的なタイプに応じた解法を紹介しよう．

定義 2.4 つぎの形をした微分方程式を**変数分離型 (形)** という：

$$y' = f(x)g(y). \tag{2.1}$$

要項 方程式 (2.1) の両辺を $g(y)$ で割って dx をかけると

$$\frac{dy}{g(y)} = f(x)\,dx.$$

これより，方程式 (2.1) の **一般積分** (すなわち，x と y が任意定数を含む形で陰関数表示された式)

$$\int \frac{dy}{g(y)} = \int f(x)\,dx + C$$

が求められる．

この式から y が，$y = \cdots$（$\cdots$ には y が含まれない）という形の関数で表される場合，そのときの y は **一般解** となる．

Memo もしもある値 α に対して $g(\alpha) = 0$ ならば，定数値関数 $y = \alpha$ は方程式 (2.1) の解である．このときの解 α は，一般解あるいは一般積分という名前の解とは別の範疇の **特異解**，すなわち，一般解あるいは一般積分に含まれる任意定数をどのように変えても表すことができない解のこと，とよばれるものになる場合がある．

$$y' = f(ax + by + c) \qquad (b \neq 0)$$

の形の微分方程式は $u = ax + by + c$ の置き換えで未知関数 u に関する変数分離型の微分方程式になる．

例題 3 [変数分離型]

微分方程式

$$y' = y^2 - 1$$

の一般解を求めよ．

[解] 与式より，$\dfrac{dy}{y^2 - 1} = dx$. ∴ $\displaystyle\int \frac{dy}{y^2 - 1} = \int dx$.

したがって，$\dfrac{1}{2} \log \left|\dfrac{1-y}{1+y}\right| = x + C$ となる．よって，$\left|\dfrac{1-y}{1+y}\right| = e^{2x + 2C}$.

ここで $\pm e^{2C}$ をあらためて C とおいて y を求めれば，

$$y = \frac{1 - Ce^{2x}}{1 + Ce^{2x}}.$$

Memo 関数 $y = -1$ も解になっている．これは**特異解**である．

▶ **演習 3**

(1) ある積分曲線が楕円 $x^2 + 2y^2 = C^2$ に直交する曲線であるという．その積分曲線を求めよ．

(2) $\tan x \sin^2 y \, dx + \cos^2 x \cot y \, dy = 0$ $\left(\overset{\text{コタンジェント}}{\cot} y \equiv \frac{1}{\tan y}\right)$ を解け．

(3) $xyy' = 1 - x^2$ を解け．

(4) $y' = (8x + 2y + 1)^2$ を解け．

(5) $y' = \dfrac{\sqrt{x^2 + y^2} - x}{y}$ を解け．

(6) $y' = \dfrac{\sqrt{x^2 + y^2} - x}{y}$ を極座標に直して解け．

Question 極座標ってなんでしたか？ 忘れました．教えてください．

T. (x, y) 座標平面において

$$\begin{cases} x = r\cos\theta \\ y = r\sin\theta \end{cases}$$

によって，変数 x, y を変数 r, θ に換えることを**極座標変換する**といいます．そのときの対 (r, θ) を**極座標**といいます．

(7)* 微分可能な関数 $f(x)$, $g(x)$ は $f(0) = g(0) = 0$ をみたし，かつ $x \geqq 0$ において

$$(x+2)f'(x) = (3x+4)g'(x), \qquad g'(x) > 0$$

をみたしているとする．

(i) $x > 0$ のとき $f(x) > g(x)$ が成り立つことを示せ．

(ii) さらに，任意の正数 t に対して，直線 $x = t$ と 2 曲線 $y = f(x)$, $y = g(x)$ とで囲まれた部分の面積は t^2 に等しいとする．$x \geqq 0$ で $f(x)$, $g(x)$ を求めよ．

(8)* $x > 0$ で定義された微分可能な関数 $f(x)$ がある．方程式 $y = f(x)$ の表す曲線 C が

(i) C は点 $(1, 1)$ を通る．

(ii) C は 2 直線 $y = \sqrt{3}x$, $y = -\sqrt{3}x$ を漸近線とするすべての双曲線と直交する．

をみたすとする．このとき $f(x)$ を求めよ．

(9)* 演習 1 の (8) の $f(x)$ を求めよ．

(10)* 演習 1 の (9) の $f(t)$ を求めよ．

(11)* 演習 2 の (10) の $f(x)$ を求めよ．

(12)* 演習 1 の (12) の $x(t)$ を求めよ.

(13)* ウサギとカメが 1000 m の距離を競争した. カメは 5 m/分 の速度で出発し, 休むことなく歩き続けたが, 進むにつれて速度が 1 m あたり 0.001 m/分 の割合で連続的に落ちた. 一方, ウサギは全行程を通じ 200 m/分 の速度で歩き続けたが, 途中でひと休みした. 競争の結果, カメはウサギより 1 分早くゴールに着いた. ウサギは何分休んでいたか. ただし $\log 2 = 0.693$, $\log 5 = 1.609$ とする.

(14)* 関数 $y = f(x)$ のグラフ上の任意の点における接線と y 軸との交点の y 座標がつねに接点の y 座標の 2 乗に等しいとする. $f(x)$ を求めよ.

(15)* 放射性原子核の数 N は時刻 t の関数として微分方程式 $\dfrac{dN}{dt} = -kN$ (k は定数) に従う. 半減期を T とし, 定数 k を $k = \dfrac{\log a}{T}$ と表すとき, a を求めよ.

定義 2.5　つぎの条件をみたす関数 $A(x, y)$ は **k 次の斉次関数** である, という (次数 k の斉次関数ともいう):

「0 以外のすべての実数 λ (ラムダ) に対して $A(\lambda x, \lambda y) = \lambda^k A(x, y)$ となる.」　■

例えば $(\lambda x)^2 + (\lambda y)^2 = \lambda^2 (x^2 + y^2)$ だから, $x^2 + y^2$ は 2 次の斉次関数である.

関数 $f(x, y)$ が (ある次数の) 斉次関数であるとき, 微分方程式

$$y' = f(x, y) \tag{2.2}$$

は **斉次型** という (**同次型** ともいう). 例えば $y' = (x^2 + y^2)^2$ は 4 次の斉次型微分方程式である.

(2.2) 式の形よりも, 関数 $P(x, y)$, $Q(x, y)$ が同じ次数の斉次関数であるとして (例えば $x^2 + y^2$ と xy は同じ次数の斉次関数),

$$P(x, y)\,dx + Q(x, y)\,dy = 0$$

の形で斉次型微分方程式を表すこともある.

要項　0 次の斉次型微分方程式として

$$y' = f\left(\dfrac{y}{x}\right), \tag{2.3}$$

見かけ上斉次型ではないが, (2.3) 式と同じような取り扱いのできる方程式として

$$y' = f\left(\frac{a_1 x + b_1 y + c_1}{a_2 x + b_2 y + c_2}\right) \tag{2.4}$$

がある．

(I) (2.3) 式の解法．$y = xu$ によって未知関数 y を u に変える．すると，(2.3) 式は u に関する変数分離型微分方程式になる．

(II) (2.4) 式の解法．

(i) $a_1 b_2 - a_2 b_1 \neq 0$ の場合．まず連立方程式

$$\begin{cases} a_1 x + b_1 y + c_1 = 0 \\ a_2 x + b_2 y + c_2 = 0 \end{cases}$$

を解く．その解を $x = \alpha$, $y = \beta$ として，$x = u + \alpha$, $y = v + \beta$ とおき，(2.4) 式に代入する．(2.4) 式は変数 u，未知関数 v についての 0 次の斉次型微分方程式

$$\frac{dv}{du} = f\left(\frac{a_1 u + b_1 v}{a_2 u + b_2 v}\right)$$

になる．したがって，後は (2.3) 式と同じ方法で求められる．

(ii) $a_1 b_2 - a_2 b_1 = 0$ の場合．$u = a_1 x + b_1 y$ とおき (2.4) 式に代入する．(2.4) 式は未知関数 u についての変数分離型微分方程式になる．

例題 4 [斉次型]

微分方程式

$$y' = \exp\frac{y}{x} + \frac{y}{x}$$

の一般解を求めよ．

[解] $y = ux$ とおいて与式に代入すれば

$$u + xu' = e^u + u. \quad \text{ゆえに} \quad e^{-u} du = \frac{dx}{x}.$$

したがって

$$u = -\log\left(C - \log|x|\right)$$

となる．よって

$$y = -x \log\left(C - \log|x|\right).$$

注意 数学者は，この表示よりも

$$y = -x \log\left(\log \frac{C}{x}\right)$$

と表す方を好むであろう．その方が美しく見えるからである．ただし C は上記の C と同じではない．

▶演習 4

(1) $y\,dx + (2\sqrt{xy} - x)\,dy = 0$ を解け．
(2) $(x-y)y\,dx - x^2\,dy = 0$ を解け．
(3) $(4x^2 + 3xy + y^2)\,dx + (4y^2 + 3xy + x^2)\,dy = 0$ を解け．
(4) $(2x - y + 4)\,dy + (x - 2y + 5)\,dx = 0$ を解け．
(5) $y' = \dfrac{x + 2y + 1}{2x + 4y + 3}$ を解け．
(6)* 微分方程式 $y'' = -ay\ (a > 0)$ を次の順で解け．
(i) 両辺に y' をかけよ．
(ii) $z = y^2$ とおいたとき z のみたす微分方程式を求めよ．
(iii) z を求めよ．
(iv) y を求めよ．
(7)* 曲線 $Y = f(X)\ (X > 0)$ で定義される曲線上の点 (x, y) における接線に，原点から下ろした垂線の長さが，その点の X 座標 x に等しくなるという．このとき
(i) この曲線が満足する微分方程式を求めよ．
(ii) (i) の微分方程式を解き，曲線 $Y = f(X)$ の方程式を求めよ．
(8)* $x(x^2 + 3y^2)y' = 2y^3$, $y(1) = 1$ をみたす解を求めよ．
(9)* サーチライトの光源から出る光線が，反射面に反射して出るとき，すべて平行になるようにつくるためには，その反射面をどのような形状にすればよいか．
(10)* $y' = \left(1 + \dfrac{y-1}{2x}\right)^2$ を解け．

定義 2.6 右辺が y について 1 次式の形をした微分方程式

$$y' = a(x)y + b(x) \tag{2.5}$$

は**線形**であるという． ∎

要項 (2.5) 式の解法．まず $A(x) = \displaystyle\int a(x)\,dx$ を計算して（このときの積分定数は 0 とおく），次式によって一般解 y を求める：

$$y = e^{A(x)} \int e^{-A(x)} b(x)\, dx.$$

例題5 [線 形]

微分方程式
$$y' = \frac{2y}{x} + x$$
を解け.

[解] $A(x) = \displaystyle\int \frac{2}{x}\, dx = \log x^2.$ よって
$$y = \exp\left(\log x^2\right) \int \exp\left(-\log x^2\right) x\, dx$$
$$= x^2 \int \frac{1}{x^2} x\, dx = x^2(\log|x| + C). \quad\blacksquare$$

注意 $e^{\log a} = a$ ($\exp\log a = a$) を用いた.

Memo 上の公式を用いない方法 (**定数変化法**) もある: 微分方程式 (2.5) に対して, まず (2.5) 式の $b(x) = 0$ とおいて
$$y' = a(x) y$$
を解くと $y = Ce^{A(x)}$. つぎに, 定数 C を関数 $C(x)$ で置き換えた式 $y = C(x) e^{A(x)}$ を微分方程式 (2.5) に代入する. 後は変数分離型の解き方を用いる.

▶演習 5

(1) $y' = \dfrac{y}{1-x^2} + 1 + x$, $y(0) = 0$ を解け.

(2) $y' = \tan x \cdot y + \sec x$, $y(0) = 0$ を解け.

(3) y_1, y_2, y_3 を同じ1階線形微分方程式の解とする. このとき, 比 $\dfrac{y_3 - y_1}{y_1 - y_2}$ の値は一定であることを証明せよ.

(4) 定数変化法を用いて $y' = -\dfrac{2y}{x} + x^3$ を解け.

(5)* 底面を水平に置いた2つの円筒形の容器 A と B がある. A と B の底面の半径はそれぞれ a cm, b cm で, ともに深さは十分にあるものとする. A に水が深さ x cm 入っているとき, A から B に毎秒 $c_0 x$ cm^3 の割合で水が移される. また, B に水が深さ y cm 入っているとき, B から A に毎秒 $c_1 y$ cm^3 の割合で水が移される. 最

初は A の深さは x_0 cm で，B は空とする．水が移され始めてから t 秒後におけるそれぞれの水の深さ $x(t)$ cm，$y(t)$ cm を表す式を求めよ．

(6)* ある動物の体長 L を毎日測定したところ，日数 t に対して $L' = k(L_m - L)$ で表されたという．ただし，k, L_m は定数である．
  (i) この微分方程式の一般解を求めよ．
  (ii) 初期条件 $t = 0$ で $L = L_0$ $(L_m > L_0 > 0)$ に対する解を求めよ．
  (iii) 上で求めた (ii) の解による L は L_m を超えないことを説明せよ．

さらに測定を続けたとき上の微分方程式は $L' = k(L_m - L) + lt$ と修正された．ただし l は定数である．
  (iv) この微分方程式の一般解を求めよ．
  (v) 初期条件 $t = 0$ で $L = L_0$ $(L_m > L_0 > 0)$ に対するこの微分方程式の解を求めよ．

(7)* ある容器に入った体積 v の水を熱する．水温と気温との差を θ として，単位時間に加える熱量 p は一定，かつ単位時間に逃げる熱量は θ に比例するとする (比例定数は k)．単位体積あたりの熱容量を 1 とすれば

$$\begin{cases} \dfrac{d\theta}{dt} = \dfrac{1}{v}(p - k\theta) \\ ただし，\quad t = 0 \text{ のとき } \theta = 0 \end{cases}$$

が成り立つ．ただし，t は時刻，v, p, k は正の定数とする．
  (i) t を θ の関数として表せ．
  (ii) v の値を変えても p, k は変わらないとして，$v = 2$ のときに $\theta = a$ となる t の値 t_1 と，$v = 1$ のときに $\theta = 2a$ になる t の値 t_2 の大小を比較せよ．ただし $0 < a < \dfrac{p}{2k}$ とする．

(8)* 底面の半径 r の直円柱のタンクに，高さ h まで水が入っているとする．いまタンクの底に亀裂が生じ，水もれが起こった．流出する水量の速さは水面の高さに比例し 1 時間後には全体の α ％ が流出したとする．t 時間後にタンクに残る水量を求めよ．

(9)* 曲線 C は媒介変数 t を用いて

$$\begin{cases} \dfrac{dx}{dt} = \dfrac{2t}{1+t^2} \\ \dfrac{dy}{dt} = 2t \end{cases}$$

と表される．C は $t = 0$ のとき点 $(0, 1)$ を通るという．このとき，x, y に関する微分方程式を導き，曲線 C の方程式を求めよ．

(10)* 鉛直に投げ上げられた物体の時刻 t における速度 $v(t)$ は $\dfrac{dv}{dt} = -g$ をみたす．ここで g は重力加速度とよばれる定数である．初速度が v_0 のとき，物体が最高点に達するまでの時間は $\dfrac{v_0}{g}$ の何倍か？

(11)* 関数 $x = x(t)$ と $y = y(t)$ が

$$\frac{dx}{dt} = x + y, \quad \frac{dy}{dt} = 4x + y, \quad x(0) = 2, \quad y(0) = 0$$

をみたしているとする．

(i) $\dfrac{d}{dt}(\alpha x + y) = \lambda(\alpha x + y)$ が成立するような 2 数の組 (α, λ) を 2 つ求めよ．

(ii) 微分方程式 $\dfrac{du}{dt} = ku$ を解け．ただし k は定数．

(iii) (i) で求めた 2 組の (α, λ) に対し (ii) で $u = \alpha x + y$, $k = \lambda$ とおくことによって，$x(t)$, $y(t)$ を求めよ．

定義 2.7　つぎの形の微分方程式

$$y' = a(x)y + b(x)y^k \qquad (k \neq 0, 1) \tag{2.6}$$

は**ベルヌイ型 (形)** であるという．

要項　(2.6) 式の解法．未知関数 y を $u = y^{1-k}$ によって u に換える．すなわち $y = u^{\frac{1}{1-k}}$ をもとの方程式 (2.6) に代入する．あとは線形 (あるいは変数分離型) の解き方を用いる．

Memo　$y = uv$ とおいて (2.6) 式に代入する方法もある (演習 6 (1) 参照)．

例題 6 [ベルヌイ方程式]

微分方程式

$$y' = \frac{4y}{x} + xy^{\frac{1}{2}}$$

を解け．

[**解**]　$y = u^{\frac{1}{1-\frac{1}{2}}} = u^2$ を与式に代入すると

$$2uu' = \frac{4u^2}{x} + xu. \quad \text{すなわち} \quad u' = \frac{2}{x}u + \frac{x}{2}.$$

ゆえに

$$u = \exp(\log x^2)\int \exp(-\log x^2)\frac{x}{2}\,dx$$
$$= \frac{x^2}{2}\int x^{-1}dx = \frac{x^2}{2}(\log|x| + C).$$

よって一般解は $y = \dfrac{x^4}{4}(\log|x| + C)^2$. ∎

▶ **演習 6**

(1) 上の例題をつぎの順で解け．
 (i) $y = uv$ を与式に代入せよ．
 (ii) $u' - \dfrac{4u}{x} = 0$ を解け．
 (iii) (ii) の u を (i) の式に代入して，v を求めよ．
 (iv) y を求めよ．

(2) $y' = -\dfrac{y}{x} - xy^2$ を解け．

(3) $y\,dx + \left(x - \dfrac{1}{2}x^3 y\right)dy = 0$ を解け．

(4) $3x\,dy = y(1 + x\sin x - 3y^3 \sin x)\,dx$ を解け．

(5)* 微分方程式 $\dfrac{dy}{dx} = ay^2 + aby$ について以下に答えよ．ただし a, b は正の定数とする．
 (i) この微分方程式を解け．
 (ii) この微分方程式の解 $y(x)$ について

$$y(0) = -3, \quad y'(0) = 3, \quad \lim_{x\to\infty} y(x) = -2$$

　となるものを求めよ．
 (iii) (ii) で求めた解 $y(x)$ について $\displaystyle\int_0^{\log 3} y(x)\,dx$ を求めよ．

(6)* $y^2\,dx - (2xy + 3)\,dy = 0$ を解け．

(7)* $(1 + y^2)\,dx = (\sqrt{1 + y^2}\sin y - xy)\,dy$ を解け．

定義 2.8
$$P(x,y)\,dx + Q(x,y)\,dy = 0 \tag{2.7}$$

の形をした微分方程式が，つぎの条件

$$\frac{\partial P(x,y)}{\partial y} = \frac{\partial Q(x,y)}{\partial x} \tag{2.8}$$

をみたすとき，微分方程式 (2.7) は **完全微分型 (形)** という． ∎

要項 (2.7) 式の解法．関数 $U(x,y)$ に関する連立方程式

$$\begin{cases} \dfrac{\partial U(x,y)}{\partial x} = P(x,y) \\ \dfrac{\partial U(x,y)}{\partial y} = Q(x,y) \end{cases}$$

を解く．

　まず第 1 式の両辺を x で積分して，

$$U(x,y) = \int P(x,y)\,dx + C(y).$$

ただし $C(y)$ は未知関数．つぎに，これを第 2 式に代入すると

$$\int P_y(x,y)\,dx + C'(y) = Q(x,y).$$

これから $C(y)$ を求めると

$$U(x,y) = \int P(x,y)\,dx + C(y)$$

がきまる．

　つぎのように**一般積分の形で表現する**ことで，完全微分型微分方程式 (2.7) の解 y が求められる．

「すべての解 y に対して $U(x,y) = C$ が成り立つ (略して $U(x,y) = C$).」

例題 7 ［完全微分］

微分方程式

$$(3x^2 + 6xy^2)\,dx + (6x^2y + 4y^3)\,dy = 0$$

の一般積分を求めよ．

[解]　$\dfrac{\partial(3x^2 + 6xy^2)}{\partial y} = 12xy, \quad \dfrac{\partial(6x^2y + 4y^3)}{\partial x} = 12xy.$

ゆえに与式は完全微分型である．連立方程式

$$\begin{cases} \dfrac{\partial U(x,y)}{\partial x} = 3x^2 + 6xy^2 \\ \dfrac{\partial U(x,y)}{\partial y} = 6x^2y + 4y^3 \end{cases}$$

を解く．第 1 式より

$$U(x,y) = \int (3x^2 + 6xy^2)\, dx + C(y) = x^3 + 3x^2y^2 + C(y).$$

ゆえに

$$\dfrac{\partial(x^3 + 3x^2y^2 + C(y))}{\partial y} = 6x^2y + 4y^3.$$

よって

$$6x^2y + C'(y) = 6x^2y + 4y^3$$

より $C'(y) = 4y^3$．

$$\therefore\quad C(y) = y^4, \quad \text{したがって } U(x,y) = x^3 + 3x^2y^2 + y^4.$$

よって求める一般積分は

$$x^3 + 3x^2y^2 + y^4 = C. \qquad\blacksquare$$

注意 上の解答では，$C'(y) = 4y^3$ から $C(y) = y^4$ とした．本来ならば積分定数をつけて $C(y) = y^4 + C_0$ とすべきだが，この積分定数 $C_0 = 0$ としてよい．

Question なぜですか？
T. 積分定数をつけて $C(y) = y^4 + C_0$ としても，結局 $U(x,y) = $ 定数 の"定数"に吸収されるからです．よく式の変形をみてください．

注意 上の積分の仕方がイマイチの人は，つぎの公式を覚えるしか手はありません：

♣ $$U(x,y) = \int_{x_0}^{x} P(t,y)\, dt + \int_{y_0}^{y} Q(x_0, t)\, dt.$$

ただし定数 x_0, y_0 は適切に選ぶ必要がある．
　この式で表される関数 $U(x,y)$ が実際に上の連立方程式

$$\begin{cases} \dfrac{\partial U(x,y)}{\partial x} = P(x,y) \\ \dfrac{\partial U(x,y)}{\partial y} = Q(x,y) \end{cases}$$

をみたしていることは，偏微分計算：

$$\frac{\partial}{\partial x}\Big(\int_{x_0}^{x} P(t,y)\,dt + \int_{y_0}^{y} Q(x_0,t)\,dt\Big) = P(x,y);$$

$$\begin{aligned}\frac{\partial}{\partial y}\Big(\int_{x_0}^{x} P(t,y)\,dt + \int_{y_0}^{y} Q(x_0,t)\,dt\Big) &= \int_{x_0}^{x} P_y(t,y)\,dt + Q(x_0,y) \\ &= \int_{x_0}^{x} Q_t(t,y)\,dt + Q(x_0,y) \\ &= \Big[Q(t,y)\Big]_{t=x_0}^{t=x} + Q(x_0,y) \\ &= Q(x,y)\end{aligned}$$

によって確かめられる．上式の変形の中に**完全微分の条件が使われている**ことに注意しよう．

Question うーんっ，なんでー？ さっぱりわかりません．
T. うーんっ，なんでー？ といわれてもこちらが困りますが．わからないというのは，おそらく，偏微分の計算に不慣れなせいではないですか．多分

$$\frac{\partial}{\partial y}\Big(\int_{x_0}^{x} P(t,y)\,dt + \int_{y_0}^{y} Q(x_0,t)\,dt\Big) = \int_{x_0}^{x} P_y(t,y)\,dt + Q(x_0,y)$$

がわからないのでは，と思います．もしそうなら

$$\begin{aligned}\frac{\partial}{\partial y}\Big(\int_{x_0}^{x} P(t,y)\,dt + \int_{y_0}^{y} Q(x_0,t)\,dt\Big) &= \frac{\partial}{\partial y}\int_{x_0}^{x} P(t,y)\,dt + \frac{d}{dy}\int_{y_0}^{y} Q(x_0,t)\,dt \\ &= \int_{x_0}^{x} \frac{\partial}{\partial y} P(t,y)\,dt + Q(x_0,y)\end{aligned}$$

ですが，前者の式は多分おわかりでしょう，後者の式は，高校3年で習う微積分の基本公式

$$\frac{d}{dx}\int_{a}^{x} f(t)\,dt = f(x) \qquad (a \text{ は定数})$$

を適用して得られたものです．つまり，x_0 は定数だから $f(y) = Q(x_0,y)$ とおくと

$$\frac{d}{dy}\int_{y_0}^{y} f(t)\,dt = f(y) = Q(x_0,y)$$

となります．

▶ **演習 7**
(1) 公式 ♣ を用いて例題の一般積分を求めてみよ．ただし，$x_0 = y_0 = 0$ でよい．
(2) $(x+y)\,dx + (x+2y)\,dy = 0$ の一般積分を求めよ．

(3) $\dfrac{2x}{y^3} + \dfrac{y^2 - 3x^2}{y^4} y' = 0$ の一般積分を求めよ．

(4) $(x + e^{\frac{x}{y}}) \, dx + e^{\frac{x}{y}} \left(1 - \dfrac{x}{y}\right) dy = 0$, $y(0) = 2$ をみたす解 $y = y(x)$ の陰関数表示を求めよ．

(5)* $(3x^2 + 2xy - y^2) \, dx + (x^2 - 2xy - 3y^2) \, dy = 0$ の一般積分を求めよ．

(6)* $e^y \, dx + (xe^y - 2y) \, dy = 0$ の一般積分を求めよ．

(7)* $x \, dx - y \, dy = \dfrac{x \, dy - y \, dx}{x^2 + y^2}$ の一般積分を求めよ．

要項 $\qquad P(x, y) \, dx + Q(x, y) \, dy = 0$

の形をした微分方程式が，完全微分の条件を**みたさないとき**，すなわち

$$\dfrac{\partial P(x, y)}{\partial y} \neq \dfrac{\partial Q(x, y)}{\partial x}$$

のときの扱い方．

(2.7) 式の両辺に（一般には x と y の 2 変数関数）$\overset{\text{ミュー}}{\mu}$ をかけた方程式

$$\mu P(x, y) \, dx + \mu Q(x, y) \, dy = 0 \qquad (2.7)'$$

を解く．ただし，関数 μ の条件は

$$\dfrac{\partial \bigl(\mu P(x, y)\bigr)}{\partial y} = \dfrac{\partial \bigl(\mu Q(x, y)\bigr)}{\partial x} \qquad (2.8)'$$

である．この方法を**積分因子法**という．この関数 μ を**積分因子**とよぶ．

このとき，つぎの (i), (ii) のいずれかのとき計算は簡単である：

(i) $\dfrac{\dfrac{\partial P}{\partial y} - \dfrac{\partial Q}{\partial x}}{Q}$ が x のみの関数ならば $\mu = \mu(x)$,

(ii) $\dfrac{\dfrac{\partial P}{\partial y} - \dfrac{\partial Q}{\partial x}}{P}$ が y のみの関数ならば $\mu = \mu(y)$

とおいて $(2.8)'$ に代入する．

注意 $(2.8)'$ 式は μ に関する 1 階偏微分方程式である．その方程式を解くことは一般には簡単ではない．

例題 8 [積分因子]

微分方程式

$$\left(2xy + x^2 y + \frac{y^3}{3}\right) dx + (x^2 + y^2) dy = 0$$

の一般積分を求めよ.

[解] $P(x, y) = 2xy + x^2 y + \frac{y^3}{3}$, $Q(x, y) = x^2 + y^2$ とおく. $P_y \neq Q_x$ だから完全微分型ではない. ところで

$$\frac{\frac{\partial P}{\partial y} - \frac{\partial Q}{\partial x}}{Q} = \frac{2x + x^2 + y^2 - 2x}{x^2 + y^2} = 1.$$

ゆえに $\mu = \mu(x)$ とおいて

$$\frac{\partial(\mu P(x, y))}{\partial y} = \frac{\partial(\mu Q(x, y))}{\partial x}$$

に代入計算すれば, $\mu'(x) = \mu(x)$, ゆえに $\mu(x) = e^x$ となる. そこで連立方程式

$$\begin{cases} \dfrac{\partial U(x, y)}{\partial x} = e^x \left(2xy + x^2 y + \dfrac{y^3}{3}\right) \\ \dfrac{\partial U(x, y)}{\partial y} = e^x (x^2 + y^2) \end{cases}$$

を解くと $U(x, y) = y e^x \left(x^2 + \dfrac{y^2}{3}\right)$. よって求める一般積分は

$$y e^x \left(x^2 + \frac{y^2}{3}\right) = C. \qquad ■$$

▶ 演習 8

(1) 上の解答で $U(x, y) = y e^x \left(x^2 + \dfrac{y^2}{3}\right)$ となることを導け.
(2) $(x + y^2) dx - 2xy \, dy = 0$ の一般積分を求めよ.
(3) $(x \sin y + y \cos y) dx + (x \cos y - y \sin y) dy = 0$ の一般積分を求めよ.
(4)* $y(1 + xy) dx - x \, dy = 0$ を解け.
(5)* $\dfrac{y}{x} dx + (y^3 - \log x) dy = 0$ を解け.
(6)* $x^3 \, dx - (x^4 + y^3) dy = 0$ を解け.
(7)* $y' = \dfrac{3x^2}{x^3 + y + 1}$ を解け.

これまでは，正規型 (つまり $y' = \cdots$ の形の式の，右辺には y' が含まれていない微分方程式) の解法を取り扱ってきた．つぎに，そのような形では表されていない微分方程式の場合を少し扱ってみよう．

要項 I　例で説明しよう．微分方程式
$$xy'^2 + 2xy' - y = 0 \tag{2.9}$$
を解いてみよう．

(2.9) 式は y' について 2 次式だから，(2.9) 式を y' について (2 次方程式の解の公式を用いて) 解くと，つぎの形の 2 つの 0 次の斉次型微分方程式が得られる：
$$y' = -1 + \sqrt{1 + \frac{y}{x}}, \quad y' = -1 - \sqrt{1 + \frac{y}{x}}, \quad \text{ただし，} \quad x(x+y) > 0. \tag{2.10}$$

(2.10) 式のそれぞれの解は，一般積分
$$\left(\sqrt{1 + \frac{y}{x}} - 1\right)^2 = \frac{C}{x}, \quad \left(\sqrt{1 + \frac{y}{x}} + 1\right)^2 = \frac{C}{x},$$
すなわち，
$$2x + y - C - 2\sqrt{x^2 + xy} = 0, \quad 2x + y - C + 2\sqrt{x^2 + xy} = 0 \tag{2.11}$$
で表される．

(2.11) の両式をかけて得られる
$$(2x + y - C)^2 - 4(x^2 + xy) = 0, \quad \text{すなわち} \quad (y - C)^2 = 4Cx \tag{2.12}$$
が (2.9) 式の一般積分となる．

つぎに，一般積分 (2.12) 式を C で偏微分すると
$$-(y - C) = 2x \tag{2.13}$$
を得る．(2.12) と (2.13) 式より C を消去すれば
$$y + x = 0, \quad \text{すなわち} \quad y = -x \tag{2.14}$$
を得る．

> そこで，(2.14) 式で求められた $y=-x$ が実際に (2.9) 式の解になっているかを調べる．この場合は確かにもとの微分方程式 (2.9) をみたしている．
> よって $y=-x$ も解 (**特異解**) である．

復習 微分方程式 (2.10) を解くと，(2.11) となることを示せ．

考察 上のように，y' について 2 次式の微分方程式を解くとしよう．まず，その 2 次式を y' について (2 次方程式の解の公式を用いて) 解く．2 つの (正規型) 微分方程式が得られ，それぞれを解く．それらの解が，それぞれ，一般積分

$$\overset{\text{ファイ}}{\phi_1}(x,y,C)=0, \quad \phi_2(x,y,C)=0$$

(つまり任意定数 C を 1 つ含む式) で表されるとき，その 2 つの一般積分を掛けて得られる

$$\phi_1(x,y,C)\phi_2(x,y,C)=0$$

がもとの微分方程式の (一般積分で表される) 解となる．

さらに，もう一つの解 (**特異解**，または**特異積分**とよばれる) が得られる可能性がある．つぎのようにする．上の一般積分 $\phi_1(x,y,C)\phi_2(x,y,C)=0$ を C で偏微分する．そうして得られた式と，偏微分する前の式 (すなわち $\phi_1(x,y,C)\phi_2(x,y,C)=0$) の 2 つの式から C を消去する．こうして得られた式より y を求めて<u>最初の微分方程式をみたすかどうかをチェックする</u>．みたすものが解 (**特異解**) となる．

Question うーん，むつかしくてさっぱりわかりません！他に方法はないんですか？どうしたらいいんですか？

> **要項** II 上記の要項 I とは別の解法 (**置き換え法**) がある．例で説明しよう．微分方程式
>
> $$y=y'^2-xy'+\frac{x^2}{2} \tag{2.15}$$

を解いてみよう．

$y' = p$ とおいて (2.15) 式を書き換える：

$$y = p^2 - xp + \frac{x^2}{2}. \qquad (2.16)$$

(p は x の関数と考え) x で微分すれば

$$p = 2pp' - p - xp' + x. \quad \therefore \quad (2p - x)(p' - 1) = 0.$$

$2p - x \neq 0$ のとき，$p' = 1$．$\therefore\ p = x + C$．これを (2.16) 式に代入すると，一般解

$$y = \frac{x^2}{2} + Cx + C^2 \qquad (2.17)$$

を得る．

$2p - x = 0$ のとき，$p = \dfrac{x}{2}$．これを (2.16) 式に代入すると，もう一つの解 (特異解) $y = \dfrac{x^2}{4}$ を得る．

Memo 式 (2.17) を C で偏微分して $0 = x + 2C$．この式と (2.17) 式より C を消去しても解 $y = \dfrac{x^2}{4}$ は得られる．

▶ **演習 9**
(1) $yy'^2 - (xy + 1)y' + x = 0$ を解け．
(2) $yy'^2 - 2xy' + y = 0$ を解け．
(3)* 関数 $f(x)$ ($x > 0$) は $f(1) = 0$, $x > 0$ の範囲で $f'(x) > 0$ をみたすとする．さらに曲線 $C : y = f(x)$ 上の任意の点 $P(t, f(t))$ における曲線 C の接線および法線 (P での接線に P で直交する直線) が y 軸と交わる点をそれぞれ Q, R とするとき，△PQR の面積が $\dfrac{1}{2}t(t^2 + 1)$ に等しいとする．このような $f(x)$ をすべて求めよ．

定義 2.9　（ラグランジュ方程式とクレロー方程式）

$$y = xf(y') + g(y') \qquad (2.18)$$

の形で表される微分方程式を**ラグランジュの方程式**，また (2.18) 式で特に $f(y') = y'$ の場合の式

$$y = xy' + g(y') \qquad (2.19)$$

を **クレローの方程式** という．

> **要項** これらの方程式も，$y' = p$ とおいて解く方針に変わりはない．しかし要項 I，要項 II とは少し異なった解表示になる．

ラグランジュ方程式の例で説明しよう．

例題 9 [ラグランジュ・クレロー方程式]

微分方程式

$$y = 2y'x + \frac{1}{y'}$$

を解け．

[解] $p = y'$ とおくと

$$y = 2px + \frac{1}{p}.$$

両辺を x で微分して

$$p = 2p + 2xp' - \frac{p'}{p^2}. \quad \text{すなわち} \quad 0 = p + \left(2x - \frac{1}{p^2}\right)\frac{dp}{dx}.$$

$2x - \dfrac{1}{p^2} = 0$ とすると $p = 0$ となって不適．ゆえに $2x - \dfrac{1}{p^2} \neq 0$．したがって

$$\frac{dx}{dp} = -\frac{2}{p}x + \frac{1}{p^3}$$

となる．これを解くと $x = \dfrac{\log p + C}{p^2}$．よって

$$\begin{cases} x = \dfrac{\log p + C}{p^2} \\ y = 2px + \dfrac{1}{p} \end{cases}$$

の形のパラメータ p を用いた解表示 (一般積分) となる．

考察 ラグランジュ方程式において $p = y'$ とおくと

$$y = xf(p) + g(p). \tag{2.20}$$

(2.20) 式の両辺を x で微分すると

$$p - f(p) = (xf'(p) + g'(p))p', \tag{2.21}$$

すなわち，

$$p - f(p) = (xf'(p) + g'(p))\frac{dp}{dx}. \tag{2.22}$$

ゆえに $p - f(p) \neq 0$ のとき

$$\frac{dx}{dp} = \frac{f'(p)}{p - f(p)}x + \frac{g'(p)}{p - f(p)} \tag{2.23}$$

となる．これは変数 p，未知関数 x の線形方程式．したがって公式を用いて計算すれば，ある関数 $A(p)$, $B(p)$ によって，つぎの形の式を得る：

$$x = CA(p) + B(p).$$

Question よくわかりません！ なぜですか？

T. 上の (2.23) 式を簡単のため $\dfrac{dx}{dp} = F(p)x + G(p)$ とかきましょう．公式を用いれば

$$x = e^{H(p)} \int e^{-H(p)} G(p)\, dp, \quad \text{ただし} \quad H(p) = \int F(p)\, dp$$

となることは前に習いましたね．$e^{-H(p)}G(p)$ の原始関数を $I(p)$ とすれば

$$x = e^{H(p)}(I(p) + C) = Ce^{H(p)} + e^{H(p)}I(p)$$

です．そこで $A(p) = e^{H(p)}$, $B(p) = e^{H(p)}I(p)$ とおいたものが上の式なのです．

したがって (2.20) 式より

$$y = \bigl(CA(p) + B(p)\bigr)f(p) + g(p).$$

よって

$$\begin{cases} x = Cf(p) + g(p) \\ y = \bigl(CA(p) + B(p)\bigr)f(p) + g(p) \end{cases}$$

の形のパラメータ p を用いた解表示（一般積分）を得る．ただしこれ以外に解

(特異解) が存在する可能性がある．そのみつけかたはつぎのようにすればよい：上の解表示式より $C = \dfrac{x - g(p)}{f(p)}$ だから

$$y = \left(\dfrac{x - g(p)}{f(p)} A(p) + B(p)\right) f(p) + g(p). \qquad (2.24)$$

この式より p を消去する (すなわち，この場合は p を独立変数とみなして，(2.24) 式の両辺を p で偏微分して得られる式と (2.24) 式の両方を用いて p を消去する)．その結果得られたものがもとの微分方程式をみたすかどうかをチェックする．みたすものが解 (**特異解**) となる．

例題 9 で説明しよう．例題 9 では

$$\begin{cases} x = \dfrac{\log p + C}{p^2} \\ y = 2px + \dfrac{1}{p}. \end{cases}$$

いまの場合，y を表す式 $y = 2px + \dfrac{1}{p}$ に積分定数 C ははじめから含まれていないので C を消去する必要はない．そこで $y = 2px + \dfrac{1}{p}$ を p で偏微分して

$$0 = 2x - \dfrac{1}{p^2}, \quad \therefore \quad x = \dfrac{1}{2p^2}. \quad \therefore \quad y = 2px + \dfrac{1}{p} \text{ より } y = \dfrac{2}{p}.$$

ゆえに

$$y = \pm 2\sqrt{2x}$$

を得るが，これはもとの微分方程式をみたさない．したがって，これは解 (特異解) とはならない．

▶**演習 10**
  (1) $y = xy' + y'$ を解け．
  (2) $y = xy' + y'^2$ を解け．
  (3) $y = xy' + \sqrt{1 + y'^2}$ を解け．
  (4) $y = xy' + \dfrac{1}{y'}$ を解け．
  (5) $x = \sin y' + \log y'$ を解け．

(6) (x,y) 平面にある曲線 $y=f(x)$ 上の点 P における接線と両軸で囲まれる三角形の面積が一定となるような曲線の式を求めよ．

(7)* (x,y) 平面にある曲線 $y=f(x)$ 上の点における接線の両軸によって切り取られる部分の長さが一定であるような曲線の式を求めよ．

2.2 高階微分方程式

> **要項**　$y^{(n)} = f(x)$ のとき，
> $$y = \underbrace{\int dx \int dx \cdots \int}_{n\,回} f(x)\,dx.$$

　　注意　上の積分は n 回の繰り返し積分．掛け算ではない！

例題 10［繰り返し積分］

微分方程式
$$y'' - \frac{1}{x} = 0$$
を解け．

[解]
$$\begin{aligned} y &= \int dx \int \frac{1}{x}\,dx = \int (\log|x| + C_1)\,dx \\ &= x\log|x| - x + C_1 x + C_2. \end{aligned}$$

> **要項**　微分方程式が見かけ上 y を含まない場合，例えば $F(x, y', y'') = 0$ の形の方程式のとき，$y' = p$ とおくと $F(x, p, p') = 0$ のように微分の階数が 1 つ減った微分方程式が得られる．

例題 11［高次の微分方程式］

微分方程式

$$xy'' + y' + x = 0, \quad y(0) = 0$$

をみたす解を求めよ．

[解] $y' = p$ とおくと
$$xp' + p + x = 0, \quad \therefore \quad (xp)' + x = 0.$$
したがって
$$px = \int (-x) \, dx = -\frac{x^2}{2} + C.$$
よって，$x = 0$ とおくと $C = 0$. ゆえに，$p = -\dfrac{x}{2}$. $\therefore \quad y = \displaystyle\int p \, dx = -\dfrac{x^2}{4} + C.$
したがって $y(0) = 0$ より，$y = -\dfrac{x^2}{4}$.

要項 微分方程式が見かけ上 x を含まない場合，例えば $F(y, y', y'') = 0$ の形の方程式のとき，$y' = p$ とおくと $y'' = p\dfrac{dp}{dy}$ だから y を変数とみなせば，もとの方程式は $F\left(y, p, p\dfrac{dp}{dy}\right) = 0$ のように微分の階数の 1 つ減った微分方程式が得られる．

例題 12 [階数低減法]

微分方程式
$$yy'' - y'^2 = y^4, \quad y(0) = 1, \quad y'(0) = 0$$
をみたす解を求めよ．

[解] $y' = p$ とおくと，もとの方程式は
$$yp\frac{dp}{dy} - p^2 = y^4. \quad \text{すなわち} \quad \frac{dp}{dy} = \frac{1}{y}p + y^3 p^{-1}$$
のベルヌイ型方程式となる．これを解いて
$$p = \pm y\sqrt{C + y^2}.$$
したがって，$y = 1$ のとき $y'(0) = 0$，つまり $p = 0$ より
$$C = -1, \quad \therefore \quad p = \pm y\sqrt{y^2 - 1},$$

すなわち
$$\frac{dy}{dx} = \pm y\sqrt{y^2 - 1}. \quad \therefore \quad \frac{dy}{\pm y\sqrt{y^2 - 1}} = dx.$$
ゆえに
$$\overset{\text{アークコサイン}}{\arccos} \frac{1}{y} \pm x = C.$$
よって $y(0) = 1$ より $C = 0$. ゆえに
$$\frac{1}{y} = \cos x.$$

Question $\arccos \dfrac{1}{y}$ ってなんですか？ おまけに $C = 0$ だったらなぜ $\dfrac{1}{y} = \cos x$ となるのかがわかりません！

T. $\arccos \dfrac{1}{y}$ は $\cos \dfrac{1}{y}$ の逆関数のことです．大学 1 年次の微積分で習ったはずですが．忘れましたか？ $\arccos \dfrac{1}{y} \pm x = C$ の式で $x = 0$ とおくと，$y(0) = 1$ だから $\arccos \dfrac{1}{y(0)} = C$ より $\arccos 1 = C$ となりますが，$\arccos 1 = 0$ なので $C = 0$. $\therefore \arccos \dfrac{1}{y} = \pm x$. したがって $\dfrac{1}{y} = \cos(\pm x) = \cos x$ が得られます．逆三角関数の復習をしっかりやってくださいね！

▶**演習 11**

(1) $\dfrac{dy}{\pm y\sqrt{y^2 - 1}} = dx$ より $\arccos \dfrac{1}{y} \pm x = C$ となることを示せ．
(2) $yy'' = y^2 y' + y'^2$ を解け．
(3) $y'' = 1 - y'^2$ を解け．
(4) $x^2 y'' + xy' = 1$ を解け．
(5) $y'''^2 + y''^2 = 1$ を解け．
(6)* $yy'' - y'(1 + y') = 0$ を解け．
(7)* $y'' y' = -x$ を解け．
(8)* $xy'' = y' \log \dfrac{y'}{x}$ を解け．
(9)* $y' + \dfrac{(y'')^2}{4} = xy''$ を解け．
(10)* $yy'' = (y')^2 + y'\sqrt{(y')^2 + y^2}$ を解け．

2.3 線形微分方程式

定義 2.10　(1) n 個の関数 $\phi_1(x), \phi_2(x), \cdots, \phi_n(x)$ は，つぎの条件 (2.25)

が成り立つとき，**1次従属である**という：

「どれか1つは0ではないように，適切にn個の定数$C_1, C_2, \cdots, C_n$を選ぶと，
$$C_1\phi_1(x) + C_2\phi_2(x) + \cdots + C_n\phi_n(x) = 0 \tag{2.25}$$
がつねに (恒等的に) 成り立つ.」

例えば，$C_1 = -2, C_2 = 1, C_3 = -1$とすると，$C_1 x + C_2(2x+1) + C_3 \cdot 1 = 0$だから，3つの関数$x, 2x+1, 1$は1次従属である．

(2) どれか1つは0ではないという条件のもとでは，(2.25)式をみたすように定数$C_1, C_2, \cdots, C_n$を選ぶことができない場合は，関数$\phi_1(x), \phi_2(x), \cdots, \phi_n(x)$は，**1次独立である**という (言い換えれば，もしも$C_1\phi_1(x) + C_2\phi_2(x) + \cdots + C_n\phi_n(x) = 0$が成り立つならば，定数$C_1, C_2, \cdots, C_n$はすべて0になる，ということ).

▶ **演習 12** 以下の関数が，1次従属か1次独立かどうか，判定せよ．
(i) $x, x+1$.   (ii) x, x^2, x^3.   (iii) $\sin^2 x, \cos^2 x, 1$.
(iv) $\exp x, \exp 2x, \exp 3x$.

要項 連続関数$P_1(x), \cdots, P_n(x)$を係数にもつ次の形の微分方程式 (**斉次線形**微分方程式とよばれる)
$$y^{(n)} + P_1(x) y^{(n-1)} + \cdots + P_{n-1}(x) y' + P_n(x) y = 0 \tag{2.26}$$
の解 (= 一般解) yは，n個の1次独立な(2.26)式の解$y_1(x), \cdots, y_n(x)$によって
$$y = C_1 y_1(x) + \cdots + C_n y_n(x)$$
と表される．

このn個の1次独立な(2.26)式の解$y_1(x), \cdots, y_n(x)$を**解の基本系**という．

上のいいかたをもう少し正確にいえば，n個の1次独立な(2.26)式の解$y_1(x), \cdots, y_n(x)$が存在して，(2.26)式のどの解yに対しても，適切に定数$C_1, \cdots, C_n$を選んで
$$y = C_1 y_1(x) + \cdots + C_n y_n(x)$$

とできる，ということである．

Question 1次独立な解はあるんですか？ もしあるんだったらどうして書かないんですか？

T. ほんとにあるんですよ！ なぜ書かないのか，ですか？ それはね，理論上その存在は証明されているんですが具体的には書けないからです．理論上というのは，3章で記していますが，微分方程式の解の存在定理のことをいってるんです，その定理を適用することによってわかることなんですよ．すこし勉強してみてください．

例題 13 ［解の基本系］

微分方程式

$$y_1(x) = \sin x, \quad y_2(x) = \cos x$$

を解の基本系とする微分方程式を求めよ．

［解］ 求める方程式を

$$y'' + P_1(x)y' + P_2(x)y = 0$$

とする．関数 $\sin x$, $\cos x$ はこの方程式の解だから

$$-\sin x + P_1(x)\cos x + P_2(x)\sin x = 0,$$
$$-\cos x - P_1(x)\sin x + P_2(x)\cos x = 0.$$

すなわち

$$\begin{cases} P_1(x)\cos x + (P_2(x) - 1)\sin x = 0, \\ (P_2(x) - 1)\cos x - P_1(x)\sin x = 0. \end{cases}$$

よって $(P_2(x) - 1)^2 + P_1(x)^2 = 0$．したがって $P_2(x) = 1$, $P_1(x) = 0$．このとき，もとの微分方程式は $y'' + y = 0$ となる．

最後に，$y_1(x) = \sin x$, $y_2(x) = \cos x$ が1次独立であること（解の基本系であること）を確かめよう．

$$C_1 \sin x + C_2 \cos x = 0$$

とすると，両辺を微分して

$$-C_2 \sin x + C_1 \cos x = 0$$

となる．よって $C_1^2 + C_2^2 = 0$, すなわち $C_1 = C_2 = 0$．ゆえに $y_1(x) = \sin x$, $y_2(x) = \cos x$ は解の基本系である．

以上より，求める方程式は
$$y'' + y = 0.$$
∎

▶**演習 13**
(1) 以下の関数 $y_1(x), y_2(x)$ または $y_1(x), y_2(x), y_3(x)$ を解の基本系とする微分方程式をそれぞれ求めよ．
(i) $y_1(x) = e^x, \ y_2(x) = xe^x$.
(ii) $y_1(x) = x, \ y_2(x) = x^2$.
(iii) $y_1(x) = e^x, \ y_2(x) = e^x \sin x, \ y_3(x) = e^x \cos x$.
(2)* $x, \ x^2, \ x^3$ を解の基本系とする微分方程式において $y(1) = 0, \ y'(1) = -1, \ y''(1) = 2$ となる解 y を求めよ．

要項 連続関数 $P_1(x), \cdots, P_n(x)$ を係数にもつ次の形の微分方程式 (**非斉次線形**微分方程式とよばれる)

$$y^{(n)} + P_1(x)y^{(n-1)} + \cdots + P_{n-1}(x)y' + P_n(x)y = f(x) \quad (2.27)$$

の解 ($=$ 一般解) y は，もしも方程式 (2.27) の 1 つの解 (**特別解**または**特解**という) Y がみつかれば，(2.26) 式の一般解を y_0 とすると

$$y = y_0 + Y$$

となる．

Question そう簡単にみつかるとはとても思えませんよー！ みつからなかったらどうするんですか？

要項 つぎの方法 (**定数変化法**) がある．
斉次方程式 (2.26) の解の基本系 $y_1 = y_1(x), \cdots, y_n = y_n(x)$ がわかっているとする．

$$y = C_1(x)y_1 + \cdots + C_n(x)y_n$$

とおき，未知関数 $C_1(x), \cdots, C_n(x)$ が連立方程式

$$\begin{cases} C_1'(x)y_1 + C_2'(x)y_2 + \cdots + C_n'(x)y_n = 0 \\ C_1'(x)y_1' + C_2'(x)y_2' + \cdots + C_n'(x)y_n' = 0 \\ \quad\cdots\cdots\cdots\cdots\cdots\cdots\cdots\cdots\cdots\cdots\cdots\cdots\cdots \\ \quad\cdots\cdots\cdots\cdots\cdots\cdots\cdots\cdots\cdots\cdots\cdots\cdots\cdots \\ C_1'(x)y_1^{(n-2)} + C_2'(x)y_2^{(n-2)} + \cdots + C_n'(x)y_n^{(n-2)} = 0 \\ C_1'(x)y_1^{(n-1)} + C_2'(x)y_2^{(n-1)} + \cdots + C_n'(x)y_n^{(n-1)} = f(x) \end{cases}$$

をみたすように決める．これは可能である．

Question なぜですか？ わかりません！ それにですよ，斉次方程式 (2.26) の解の基本系 $y_1(x), \cdots, y_n(x)$ がわからないときはどうすればいいんですか？

T. いい質問ですね．上の連立方程式が解ける理由ですが，$y_1(x), \cdots, y_n(x)$ が解の基本系ということより

$$\begin{vmatrix} y_1 & y_2 & \cdots & y_{n-1} & y_n \\ y_1' & y_2' & \cdots & y_{n-1}' & y_n' \\ \vdots & \vdots & & \vdots & \vdots \\ y_1^{(n-1)} & y_2^{(n-1)} & \cdots & y_{n-1}^{(n-1)} & y_n^{(n-1)} \end{vmatrix} \neq 0$$

です．左辺の行列式を**ロンスキー行列式**といいます．だからクラメールの公式によって $C_1'(x), \cdots, C_n'(x)$ が求められるので，それぞれ積分すれば $C_1(x), \cdots, C_n(x)$ が得られます．後半の質問ですが，覚えていますか，前にいいましたね，解の基本系の存在は保証されていますが，その具体的な形は一般にはわかりません．さてどうすればよいんでしょうねー．今後の課題にしておきます．つぎの例題を参考にしてください．

例題 14 [非斉次形（パラメータ変化法）]

(1) 微分方程式

$$y'' + \frac{1}{x}y' = x$$

を解け．

(2) 微分方程式

$$y'' + \frac{2}{x}y' + y = 0$$

は $y = \dfrac{\sin x}{x}$ を特解にもつことがわかる．このことを用いて，この微分方程式

を解け.

[解] (1) 斉次方程式
$$y'' + \frac{1}{x}y' = 0, \quad \text{すなわち} \quad xy'' + y' = 0$$
を解くと,
$$(xy')' = 0. \quad \therefore \quad xy' = C_1. \quad \text{よって} \quad y = \int \frac{C_1}{x}\,dx = C_1 \log|x| + C_2.$$

そこで $y_1 = \log|x|$, $y_2 = 1$ とすると，これらは解の基本系である.

つぎに，求める解 y を $y = C_1(x)y_1 + C_2(x)y_2$ とおいて，$C_1(x), C_2(x)$ が連立方程式
$$\begin{cases} C_1'(x)y_1 + C_2'(x)y_2 = 0 \\ C_1'(x)y_1' + C_2'(x)y_2' = x, \end{cases}$$
すなわち,
$$\begin{cases} C_1'(x) \log|x| + C_2'(x) = 0 \\ C_1'(x)\dfrac{1}{x} + C_2'(x) \cdot 0 = x \end{cases}$$
をみたすように決める．これを解くと
$$C_1'(x) = x^2, \quad C_2'(x) = -x^2 \log|x|.$$
したがって
$$C_1(x) = \int x^2\,dx = \frac{x^3}{3} + A,$$
$$C_2(x) = -\int x^2 \log|x|\,dx = -\frac{x^3}{3}\log|x| + \frac{x^3}{9} + B.$$
ただし A, B は任意定数である.

よって
$$y = \frac{x^3}{9} + A\log|x| + B.$$

(2) $y_1 = \dfrac{\sin x}{x}$ として，$y = y_1 u$ とおいて与式に代入すると
$$\left(y_1'' + \frac{2}{x}y_1' + y_1\right)u + u'' + \left(\frac{2}{x} + \frac{2y_1'}{y_1}\right)u' = 0. \quad \therefore \quad \frac{u''}{u'} + \frac{2}{x} + \frac{2y_1'}{y_1} = 0.$$

ゆえに
$$\left(\log|u'| + \log x^2 + \log y_1^2\right)' = 0. \quad \text{すなわち} \quad \log\left(|u'|x^2 y_1^2\right) = C_1.$$

したがって $u' \sin^2 x =$ 定数 となる．この定数をあらためて $-C_1$ とおくと，$u' = \dfrac{-C_1}{\sin^2 x}$ より，

$$u = \int \frac{-C_1}{\sin^2 x}\, dx = C_1 \cot x + C_2.$$

よって

$$y = \frac{C_1 \cos x + C_2 \sin x}{x}. \qquad \blacksquare$$

注意 $\cot x = \dfrac{1}{\tan x}$.

Memo 解の基本系はわからないが，試行錯誤によって (つまり，これは？ と思う関数を，手あたりしだいに代入して，微分方程式が成り立つかどうか調べてみて) 1 つの解 y_1 がみつかったときは，$y = y_1 u$ とおいてもとの微分方程式に代入するのもひとつの方法である．

▶**演習 14**
(1) 定数変化法を用いて $x^2 y'' - xy' = 3x^3$ を解け．
(2) 定数変化法を用いて $x^2 y'' + xy' - y = x^2$ を解け．
(3)* $x^2(\log|x| - 1)y'' - xy' + y = 0$ の解の基本系を試行錯誤することにより求めてみよ．
(4)* $y''' + y' = \sec x$ を解け．

ここからは特に**定数係数線形微分方程式**を扱う．前の要項と同じであるが，取り扱いが機械的になるぶんやさしくなる．まず 2 階線形微分方程式から述べる．

要項 a, b を定数とする．斉次方程式

$$y'' + ay' + by = 0 \qquad (2.28)$$

を解くとしよう．まず

$$k^2 + ak + b = 0 \qquad (2.29)$$

の形の 2 次方程式 (**特性方程式**という) をつくり，この解 (**特性解**という) を求める．特性解を k_1, k_2 とすると，(2.28) 式の解 (= 一般解) は以下の

ようになる.

(1) k_1, k_2 が相異なる実数の場合,
$$y = C_1 e^{k_1 x} + C_2 e^{k_2 x}.$$

確認 $y_1(x) = e^{k_1 x}$, $y_2(x) = e^{k_2 x}$ が解の基本系.

(2) $k_1 = k_2$ の場合,
$$y = (C_1 x + C_2) e^{k_1 x}.$$

確認 $y_1(x) = e^{k_1 x}$, $y_2(x) = x e^{k_1 x}$ が解の基本系.

(3) k_1, k_2 が複素数の場合, $k_1 = \alpha + \beta i$, $k_2 = \alpha - \beta i$ とすると
$$y = (C_1 \cos \beta x + C_2 \sin \beta x) e^{\alpha x}.$$

確認 $y_1(x) = e^{\alpha x} \cos \beta x$, $y_2(x) = e^{\alpha x} \sin \beta x$ が解の基本系.

例題 15 [定数係数 2 階線形斉次微分方程式]

つぎの微分方程式の一般解を求めよ.
(1) $2y'' - y' - y = 0$.
(2) $y'' - 2y' + y = 0$.
(3) $y'' + y = 0$.

[解] 特性方程式は, それぞれつぎのようになる.
$$2k^2 - k - 1 = 0, \quad k^2 - 2k + 1 = 0, \quad k^2 + 1 = 0.$$

これらを解くと, それぞれつぎのようになる.
$$k_1 = 1, \ k_2 = -\frac{1}{2}; \quad k_1 = k_2 = 1; \quad k_1 = i, \ k_2 = -i.$$

よって求める解は, それぞれつぎのようになる.
$$y = C_1 e^x + C_2 e^{-\frac{1}{2}x}, \quad y = (C_1 x + C_2) e^x, \quad y = C_1 \cos x + C_2 \sin x. \quad \blacksquare$$

Question k_1, k_2 の大小とか, 複素数の場合だったら k_1, k_2 の符号の決め方は

どう決めるんですか？
T. べつにきまりはありません．

▶**演習 15** つぎの (1) から (5) の微分方程式の一般解を求めよ．
(1)* $y'' - 5y' + 6y = 0$.
(2)* $y'' + 2y' + y = 0$.
(3)* $y'' + 4y' + 13y = 0$.
(4)* $y'' - ky = 0$ ($k \neq 0$).
(5)* $\dfrac{y' - y}{y''} = 3$.
(6)* 微分方程式 $ay'' + by' + cy = 0$ が $y = e^{kx}$, xe^{kx} の形の 2 つの解をもつための必要十分条件は $at^2 + bt + c = 0$ が重解をもつことである．これを証明せよ．

要項 a, b を定数とする．非斉次方程式

$$y'' + ay' + by = f(x) \qquad (2.30)$$

を解くとしよう．つぎの 2 つの方法 (I), (II) がある．

(I) 特解利用法 非斉次方程式 (2.30) の**特解** (すなわち 1 つの解) **がわかっているとき**．

まず斉次方程式

$$y'' + ay' + by = 0 \qquad (2.28)$$

の一般解を求める．すると，求める解 (一般解) y は

$$y = (2.28) \text{ 式の一般解} + \text{特解}$$

となる．

特解の求め方．特解を Y で表そう．**以下の Case1, 2 の場合，Y は未定係数法**で求められる：

Case 1. $f(x) = e^{\lambda x} P_n(x)$ ($P_n(x)$ は n 次の整式) のとき．
(i) $\lambda^2 + a\lambda + b \neq 0$ ならば $Y = e^{\lambda x} Q_n(x)$,
(ii) $\lambda^2 + a\lambda + b = 0$, $a^2 - 4b \neq 0$ ならば $Y = xe^{\lambda x} Q_n(x)$,
(iii) $\lambda^2 + a\lambda + b = 0$, $a^2 - 4b = 0$ ならば $Y = x^2 e^{\lambda x} Q_n(x)$
とおいて n 次の整式 $Q_n(x)$ を求める．いずれの場合でも $Q_n(x)$ は，

$$Q_n(x) = a_1 x^n + a_2 x^{n-1} + \cdots + a_n x + a_{n+1}$$

のように $(n+1)$ 個の未知数 $a_1, \cdots, a_{n+1}$ を使った式で表し，方程式 (2.30) の y にそれぞれの場合の Y を代入する．

Case 2. $f(x) = e^{\alpha x}\Bigl(R_n(x)\cos\beta x + S_m(x)\sin\beta x\Bigr)$ ($R_n(x)$ は n 次の整式，$S_m(x)$ は m 次の整式) のとき．

N は n と m のうち小さくない方を表す数として

(i) $(\alpha+\beta i)^2 + a(\alpha+\beta i) + b \neq 0$ ならば

$$Y = e^{\alpha x}\Bigl(T_N(x)\cos\beta x + U_N(x)\sin\beta x\Bigr),$$

(ii) $(\alpha+\beta i)^2 + a(\alpha+\beta i) + b = 0$ ならば

$$Y = x e^{\alpha x}\Bigl(T_N(x)\cos\beta x + U_N(x)\sin\beta x\Bigr)$$

とおいて N 次の整式 $T_N(x), U_N(x)$ を求める．いずれの場合でも $T_N(x), U_N(x)$ をそれぞれ

$$T_N(x) = a_1 x^N + a_2 x^{N-1} + \cdots + a_N x + a_{N+1},$$
$$U_N(x) = b_1 x^N + b_2 x^{N-1} + \cdots + b_N x + b_{N+1}$$

のように $(N+1)$ 個の未知数 $a_1, \cdots, a_{N+1}; b_1, \cdots, b_{N+1}$ を使った整式で表し，方程式 (2.30) の y にそれぞれの場合の Y を代入する．

(II) **定数変化法**　まず斉次方程式

$$y'' + ay' + by = 0$$

の解の基本系 $y_1 = y_1(x)$, $y_2 = y_2(x)$ を求める．

つぎに

$$y = C_1(x) y_1 + C_2(x) y_2$$

とおき，未知関数 $C_1(x)$, $C_2(x)$ が連立方程式

$$\begin{cases} C_1'(x) y_1 + C_2'(x) y_2 = 0 \\ C_1'(x) y_1' + C_2'(x) y_2' = f(x) \end{cases}$$

をみたすように決める．

確認 上の連立方程式を解くと

$$C_1'(x) = \frac{\begin{vmatrix} 0 & y_2 \\ f(x) & y_2' \end{vmatrix}}{\begin{vmatrix} y_1 & y_2 \\ y_1' & y_2' \end{vmatrix}}, \quad C_2'(x) = \frac{\begin{vmatrix} y_1 & 0 \\ y_1' & f(x) \end{vmatrix}}{\begin{vmatrix} y_1 & y_2 \\ y_1' & y_2' \end{vmatrix}}.$$

したがって $C_1(x)$, $C_2(x)$ は右辺をそれぞれ積分すれば求められる.

Question 分母が 0 になったらだめなんじゃない？ だいじょうぶなんですか？

T. えーっ，さっき説明しましたよ！ **ロンスキー行列式が 0 にならないことが解の基本系の特徴**でしたね．

例題 16 [定数係数 2 階線形非斉次微分方程式]

つぎの微分方程式の一般解を求めよ.

(1) $2y'' - y' - y = 4xe^{2x}$.

(2) $y'' - 2y' + y = xe^x$.

(3) $y'' + y = x\sin x$.

[解] (1) 特性解 $1, -\dfrac{1}{2}$. $2y'' - y' - y = 0$ の一般解 y_0 は, $y_0 = C_1 e^x + C_2 e^{-\frac{1}{2}x}$. 特解 Y を $Y = e^{2x}(a_1 x + a_2)$ とおいて与式に代入，整理すれば

$$\{(5a_1 - 4)x + (7a_1 + 5a_2)\}e^{2x} = 0.$$

そこで $5a_1 - 4 = 7a_1 + 5a_2 = 0$ を解くと, $a_1 = \dfrac{4}{5}$, $a_2 = -\dfrac{28}{25}$. よって

$$y = y_0 + Y = C_1 e^x + C_2 e^{-\frac{1}{2}x} + \left(\frac{4}{5}x - \frac{28}{25}\right)e^{2x}.$$

(2) 特性解は 1 (重解). $y'' - 2y' + y = 0$ の一般解 y_0 は, $y_0 = (C_1 x + C_2)e^x$. 特解 Y を $Y = x^2 e^x(a_1 x + a_2)$ とおいて与式に代入，整理すれば,

$$\{(6a_1 - 1)x + 2a_2\}e^x = 0.$$

そこで $6a_1 - 1 = 2a_2 = 0$ を解くと,

$$a_1 = \frac{1}{6}, \ a_2 = 0.$$

よって

$$y = y_0 + Y = (C_1 x + C_2)e^x + \frac{1}{6}x^3 e^x.$$

(3) 特性解は $i, -i$. $y'' + y = 0$ の一般解 y_0 は,$y_0 = C_1 \cos x + C_2 \sin x$. 特解 Y を $Y = x\{(a_1x + a_2)\cos x + (b_1x + b_2)\sin x\}$ とおいて与式に代入,整理すれば,

$$(2a_1 + 2b_2)\cos x + 4b_1 x \cos x + (2b_1 - 2a_2)\sin x - (4a_1 + 1)x\sin x = 0.$$

そこで $2a_1 + 2b_2 = 4b_1 = 2b_1 - 2a_2 = 4a_1 + 1 = 0$ を解くと,

$$a_1 = -\frac{1}{4}, \quad a_2 = b_1 = 0, \quad b_2 = \frac{1}{4}.$$

よって

$$y = y_0 + Y = C_1 \cos x + C_2 \sin x - \frac{x^2}{4}\cos x + \frac{x}{4}\sin x. \quad \blacksquare$$

重要 **重ね合わせの原理**. 微分方程式 (2.30) において,右辺の関数がいくつかの関数の和 $f(x) = f_1(x) + \cdots + f_m(x)$ のときは,各 $f_i(x)$ $(i = 1, \cdots, m)$ に対して

$$y'' + ay' + by = f_i(x)$$

を解く.その解を $\overset{\text{エーター}}{\eta_i}$ とすれば,もとの微分方程式 (2.30) の解 y はそれらの和

$$y = \eta_1 + \cdots + \eta_m$$

となる.

Question あっ,ひとつ思いついた! そしたら,右辺の関数が掛け算 $f(x) = f_1(x)\cdots f_m(x)$ になっているときは,各 $f_i(x)$ $(i = 1, \cdots, m)$ に対して $y'' + ay' + by = f_i(x)$ を解いた解を掛けたものが,つまり,それを η_i としましたから,もとの方程式 (2.30) の解 y は $y = \eta_1 \cdots \eta_m$ となるんではないですか,先生! これを,掛け合わせの原理,というのとちがいますか?
T. それはとんだ思いつき! なるほど,そうなるんじゃあなかろうかと思う気持ちはわかりますがね,残念でした,それは間違いです.なぜかって? 下の演習 (2) で確かめてごらんなさい.

▶**演習 16** つぎの微分方程式の一般解を求めよ.
 (1) $y'' - 4y' + 4y = x^2$.
 (2) $y'' + y' - 6y = xe^{2x}$.
 (3) $y'' + y' - 2y = 8\sin 2x$.
 (4) $y'' + 2y' + y = e^x + e^{-x}$.
 (5) $y'' + y = \tan x$.
 (6) $y'' - 2y' + y = \dfrac{e^x}{x}$.
 (7)* $y'' + y = \dfrac{1}{\cos x}$.
 (8)* $y'' + y = \dfrac{1}{\sin x}$.
 (9)* $y'' - y = \dfrac{e^x - e^{-x}}{e^x + e^{-x}}$.

続いて n 階線形微分方程式を扱おう．解の表し方がかなり複雑になる．記号の羅列になるがしばらく辛抱を．

要項 $a_1, \cdots, a_n$ を定数とする．斉次方程式
$$y^{(n)} + a_1 y^{(n-1)} + \cdots + a_{n-1} y' + a_n y = 0$$
の解 (= 一般解) を求めよう．解の基本系を求めればよい．そのためにまずこの微分方程式の**特性方程式**
$$k^n + a_1 k^{n-1} + \cdots + a_{n-1} k + a_n = 0$$
を解く．

この方程式の左辺を因数分解すれば特性方程式はつぎのような形になる：
$$(k-k_1)^{m_1} \cdots (k-k_p)^{m_p} \{k-(\alpha_1+\beta_1 i)\}^{l_1} \{k-(\alpha_1-\beta_1 i)\}^{l_1} \cdots$$
$$\{k-(\alpha_q+\beta_q i)\}^{l_q} \{k-(\alpha_q-\beta_q i)\}^{l_q} = 0.$$

ここで
$$k_1, \cdots, k_p$$
は相異なる実数，
$$\alpha_1 + \beta_1 i, \cdots, \alpha_q + \beta_q i$$
は相異なる複素数，そして $m_1, \cdots, m_p; l_1, \cdots, l_q$ は (重複度を表す) 正の整数で $m_1 + \cdots + m_p + 2(l_1 + \cdots + l_q) = n$ をみたしている．

このとき，解の基本系は以下の n 個の関数である：
$$e^{k_1 x},\ xe^{k_1 x},\ x^2 e^{k_1 x},\ \cdots,\ x^{m_1-2} e^{k_1 x},\ x^{m_1-1} e^{k_1 x};$$
$$e^{k_2 x},\ xe^{k_2 x},\ x^2 e^{k_2 x},\ \cdots,\ x^{m_2-2} e^{k_2 x},\ x^{m_2-1} e^{k_2 x};$$
$$\cdots\cdots\cdots\cdots\cdots\cdots\cdots\cdots\cdots\cdots\cdots\cdots\cdots;$$
$$e^{k_p x},\ xe^{k_p x},\ x^2 e^{k_p x},\ \cdots,\ x^{m_p-2} e^{k_p x},\ x^{m_p-1} e^{k_p x};$$
$$e^{\alpha_1 x} \cos \beta_1 x,\ e^{\alpha_1 x} \sin \beta_1 x,$$

$$xe^{\alpha_1 x}\cos\beta_1 x, \quad xe^{\alpha_1 x}\sin\beta_1 x,$$
$$x^2 e^{\alpha_1 x}\cos\beta_1 x, \quad x^2 e^{\alpha_1 x}\sin\beta_1 x,$$
$$\cdots\cdots\cdots\cdots\cdots\cdots,$$
$$x^{l_1-1}e^{\alpha_1 x}\cos\beta_1 x, \quad x^{l_1-1}e^{\alpha_1 x}\sin\beta_1 x;$$
$$e^{\alpha_2 x}\cos\beta_2 x, \quad e^{\alpha_2 x}\sin\beta_2 x,$$
$$xe^{\alpha_2 x}\cos\beta_2 x, \quad xe^{\alpha_2 x}\sin\beta_2 x,$$
$$x^2 e^{\alpha_2 x}\cos\beta_2 x, \quad x^2 e^{\alpha_2 x}\sin\beta_2 x,$$
$$\cdots\cdots\cdots\cdots\cdots\cdots,$$
$$x^{l_2-1}e^{\alpha_2 x}\cos\beta_2 x, \quad x^{l_2-1}e^{\alpha_2 x}\sin\beta_2 x;$$
$$\cdots\cdots\cdots\cdots\cdots\cdots\cdots,$$
$$\cdots\cdots\cdots\cdots\cdots\cdots\cdots;$$
$$e^{\alpha_q x}\cos\beta_q x, \quad e^{\alpha_q x}\sin\beta_q x,$$
$$xe^{\alpha_q x}\cos\beta_q x, \quad xe^{\alpha_q x}\sin\beta_q x,$$
$$x^2 e^{\alpha_q x}\cos\beta_2 x, \quad x^2 e^{\alpha_q x}\sin\beta_q x,$$
$$\cdots\cdots\cdots\cdots\cdots\cdots,$$
$$x^{l_q-1}e^{\alpha_q x}\cos\beta_q x, \quad x^{l_q-1}e^{\alpha_q x}\sin\beta_q x.$$

Memo 2次方程式の解の公式のような具体的に計算して求められる公式は，n が 5 以上の場合存在しない．

注意 重複度という語句 (数学上の専門語) の意味：関数 $P(x)$ が $P(a) = 0$ をみたすとしよう．このとき，さらに $P(x) = (x-a)^m Q(x)$, $Q(a) \neq 0$ の形の式に表すことができる場合，方程式 $P(x) = 0$ は**重複度** m の解 a をもつ，a は重複度 (が) m の解である，という．

たとえば $x^2 - 2x + 1 = 0$ は，$(x-1)^2 = 0$ なので，重複度 2 の解 1 をもつ，1 は重複度 2 の解である，という (別のいいかたでは，$x^2 - 2x + 1 = 0$ は 1 を重解にもつ，1 は重解である，という)．

Question ウヒャーッ！これが解の基本系ですか．ということは，んーッ，1 次独立ということでしたね，すると，1 次独立はどうしたらわかるんですか？
T. 面倒ですが，前にロンスキー行列式のことをいいましたね，それを計算して 0 にならないことを確かめればよいのです．いってませんでしたが，ロンスキー

行列式，W と略記します．はつぎの性質をもちます：
① W は，ある x の値に対して 0 になれば，つねに 0 である．
② W は，ある x の値に対して 0 にならなければ，どの点でも 0 にならない．
さて，式の計算はそう簡単ではありませんが，ロンスキー行列式の $x=0$ における値を計算して 0 ではないことを確認してみてください．

例題 17 ［定数係数高階線形斉次微分方程式］

つぎの微分方程式の一般解を求めよ．
(1) $y''' - 13y'' + 12y' = 0$.
(2) $y^{(4)} + 4y = 0$.

[解]　(1) 特性方程式は $k^3 - 13k^2 + 12k = 0$．これを解くと
$$k(k^2 - 13k + 12) = 0 \quad より \quad k = 0, 1, 12.$$
よって
$$y = C_1 + C_2 e^x + C_3 e^{12x}.$$
(2) 特性方程式は $k^4 + 4 = 0$．これを解くと
$$k^2 = \pm 2i. \quad \therefore \quad k = \pm 1 \pm i.$$

Question なんで $k = \pm 1 \pm i$ となるんですかー？ $k = \pm\sqrt{\pm 2i}$ ではだめなんですか？

T.　$k = \pm\sqrt{\pm 2i}$ ではだめですね．忘れましたか？ 単純な複素数の計算です，大学受験勉強で計算したことがあるんじゃないですかね．ド・モアブルの公式を知っていれば簡単ですが，直接求めてみましょう．$k = a + bi$ とおけば，$k^2 = \pm 2i$ より $a^2 - b^2 + 2abi = \pm 2i$．$\therefore a^2 - b^2 = 0, 2ab = \pm 2$．$\therefore a = b, ab = 1$，または，$a = -b, ab = -1$．これから上の 4 種類の答えが得られます．

よって
$$y = e^x(C_1 \cos x + C_2 \sin x) + e^{-x}(C_3 \cos x + C_4 \sin x).$$ ∎

▶**演習 17** (1) から (4) の微分方程式の解を求めよ．
(1)* $y^{(4)} - 2y'' = 0$．
(2)* $y^{(4)} - 2y'' + y = 0$．
(3)* $y^{(4)} - a^4 y = 0 \ (a > 0)$．
(4)* $y^{(4)} + 8y'' + 16y = 0$．
(5) $X''''(x) - cX(x) = 0, X(0) = X''(0) = X(a) = X''(a) = 0 \ (a > 0)$ をみたす 0 でない解 $X(x)$ が存在するための条件を求めよ．またそのときの解 $X(x)$ を求

めよ．

> **要項** $a_1, \cdots, a_n$ を定数とする．非斉次方程式
> $$y^{(n)} + a_1 y^{(n-1)} + \cdots + a_{n-1} y' + a_n y = f(x)$$
> の解 (一般解) を求めよう．繰り返しになるがつぎの2つの方法がある：
>
> (I) **特解利用法** この方程式の<u>1つの解</u> (**特解**) がわかっている場合．まず斉次方程式
> $$y^{(n)} + a_1 y^{(n-1)} + \cdots + a_{n-1} y' + a_n y = 0 \qquad (2.31)$$
> の一般解を求める．求める解は
> $$y = (2.31) \text{ 式の一般解} + \text{特解}$$
> となる．
>
> (II) **定数変化法** (2.31) 式の n 個の解の基本系を求める．それらを $y_1, \cdots, y_n$ とおく．求める解を
> $$y = C_1(x) y_1 + \cdots + C_n(x) y_n$$
> とおき，連立方程式
> $$\begin{cases} C_1'(x) y_1 + C_2'(x) y_2 + \cdots + C_n'(x) y_n = 0 \\ C_1'(x) y_1' + C_2'(x) y_2' + \cdots + C_n'(x) y_n' = 0 \\ \quad \cdots\cdots\cdots\cdots\cdots\cdots\cdots\cdots\cdots\cdots\cdots \\ \quad \cdots\cdots\cdots\cdots\cdots\cdots\cdots\cdots\cdots\cdots\cdots \\ C_1'(x) y_1^{(n-2)} + C_2'(x) y_2^{(n-2)} + \cdots + C_n'(x) y_n^{(n-2)} = 0 \\ C_1'(x) y_1^{(n-1)} + C_2'(x) y_2^{(n-1)} + \cdots + C_n'(x) y_n^{(n-1)} = f(x) \end{cases}$$
> を解いて未知関数 $C_1(x), \cdots, C_n(x)$ を求める．

例題 18 ［定数係数高階線形非斉次微分方程式］ ─────

つぎの微分方程式の一般解を求めよ．

(1) $y''' - y = x^3 - 1$.

(2) $y''' + y' = \tan x \sec x$.

注意 $\overset{\text{セカント}}{\sec} x = \dfrac{1}{\cos x}$.

[解] (1) 特性方程式は $k^3 - 1 = 0$. これを解くと
$$k = 1, \ \frac{-1 \pm \sqrt{3}i}{2}.$$

ゆえに斉次方程式の一般解は
$$C_1 e^x + e^{-\frac{x}{2}}\left(C_2 \cos \frac{\sqrt{3}}{2}x + C_3 \sin \frac{\sqrt{3}}{2}x\right).$$

つぎに特解 Y を求める. $Y = ax^3 + bx^2 + cx + d$ とおいて代入, 整理すると
$$(a+1)x^3 + bx^2 + cx + d - 1 - 6a = 0.$$

そこで $a+1 = b = c = d-1-6a = 0$ を解くと, $a = -1$, $b = c = 0$, $d = -5$. よって
$$y = C_1 e^x + e^{-\frac{x}{2}}\left(C_2 \cos \frac{\sqrt{3}}{2}x + C_3 \sin \frac{\sqrt{3}}{2}x\right) - x^3 - 5.$$

(2) 特性方程式は $k^3 + k = 0$. これを解くと $k = 0, \pm i$. ゆえに解の基本系は
$$y_1 = 1, \quad y_2 = \cos x, \quad y_3 = \sin x.$$

そこで求める解を
$$y = C_1(x) 1 + C_2(x) \cos x + C_3(x) \sin x$$

とおき, 未知関数 $C_1(x)$, $C_2(x)$, $C_3(x)$ が連立方程式
$$\begin{cases} C_1'(x) 1 + C_2'(x) \cos x + C_3'(x) \sin x = 0 \\ C_1'(x) 1' + C_2'(x)(\cos x)' + C_3'(x)(\sin x)' = 0 \\ C_1'(x) 1'' + C_2'(x)(\cos x)'' + C_3'(x)(\sin x)'' = \tan x \sec x \end{cases}$$

をみたすように決める. この式より

$$C_1'(x) = \frac{\begin{vmatrix} 0 & \cos x & \sin x \\ 0 & -\sin x & \cos x \\ \tan x \sec x & -\cos x & -\sin x \end{vmatrix}}{\begin{vmatrix} 1 & \cos x & \sin x \\ 0 & -\sin x & \cos x \\ 0 & -\cos x & -\sin x \end{vmatrix}} = \tan x \sec x,$$

$$C_2'(x) = \frac{\begin{vmatrix} 1 & 0 & \sin x \\ 0 & 0 & \cos x \\ 0 & \tan x \sec x & -\sin x \end{vmatrix}}{\begin{vmatrix} 1 & \cos x & \sin x \\ 0 & -\sin x & \cos x \\ 0 & -\cos x & -\sin x \end{vmatrix}} = -\tan x,$$

$$C_3'(x) = \frac{\begin{vmatrix} 1 & \cos x & 0 \\ 0 & -\sin x & 0 \\ 0 & -\cos x & \tan x \sec x \end{vmatrix}}{\begin{vmatrix} 1 & \cos x & \sin x \\ 0 & -\sin x & \cos x \\ 0 & -\cos x & -\sin x \end{vmatrix}} = -\tan^2 x.$$

よって

$$C_1(x) = \int \tan x \sec x \, dx = \int \frac{\sin x}{\cos^2 x} \, dx = -\int \frac{d\cos x}{\cos^2 x} = \sec x + C_1,$$

$$C_2(x) = -\int \tan x \, dx = \log|\cos x| + C_2,$$

$$C_3(x) = -\int \tan^2 x \, dx = \int \frac{-1 + \cos^2 x}{\cos^2 x} dx = x - \tan x + C_3.$$

ゆえに

$$y = C_1 + C_2 \cos x + C_3 \sin x + \sec x + \cos x \log|\cos x| - \tan x \sin x + x \sin x.$$

▶**演習 18** つぎの微分方程式の解を求めよ．
(1) $y^{(4)} - 2y''' + y'' = e^x$.
(2) $y''' + y'' + y' + y = xe^x$.
(3) $y''' + 2y'' + 2y' + y = x, \quad y(0) = y'(0) = y''(0) = 0$.

2.4 応　用

以上で定数係数線形微分方程式は終わる．つぎに，これまでに学んだ知識をもとにして 2, 3 の応用問題に取り組んでみる．

要項　$a, b, c_1, \cdots, c_n$ を定数とする．つぎの形の微分方程式

$$(ax+b)^n y^{(n)} + c_1(ax+b)^{n-1} y^{(n-1)} + \cdots$$
$$+ c_{n-1}(ax+b)y' + c_n y = f(x) \qquad (2.32)$$

を **オイラーの方程式** という．

解法：

$$ax + b = e^t$$

とおく．x についての導関数 $y', y'', \cdots$ を，

$$y' = \frac{dy}{dt}\frac{dt}{dx} = ae^{-t}\frac{dy}{dt}. \quad \therefore \quad (ax+b)y' = a\frac{dy}{dt},$$

$$y'' = \frac{dy'}{dt}\frac{dt}{dx} = \frac{d}{dt}\Big(ae^{-t}\frac{dy}{dt}\Big)\frac{dt}{dx} = a^2 e^{-2t}\Big(\frac{d^2 y}{dt^2} - \frac{dy}{dt}\Big).$$

$$\therefore \quad (ax+b)^2 y'' = a^2\Big(\frac{d^2 y}{dt^2} - \frac{dy}{dt}\Big),$$

$$\cdots\cdots\cdots\cdots\cdots\cdots\cdots\cdots\cdots\cdots\cdots\cdots\cdots$$

のように t についての導関数で表し，それらを最初の微分方程式 (2.32) に代入，整理する．

その結果，もとの微分方程式は 変数 t についての定数係数線形微分方程式に変わる．

要項 オイラーの方程式のなかでも，特に 斉次方程式

$$x^n y^{(n)} + c_1 x^{n-1} y^{(n-1)} + \cdots + c_{n-1} xy' + c_n y = 0 \qquad (2.33)$$

の場合はつぎのように解く．

解の基本系を求めればよい．まず

$$y = x^k$$

とおいて代入する．

$$y' = kx^{k-1}, \quad y'' = k(k-1)x^{k-2}, \quad \cdots,$$
$$y^{(n)} = k(k-1)\cdots(k-n+1)x^{k-n}$$

だから，方程式 (2.33) は

$$k(k-1)\cdots(k-n+1) + c_1 k(k-1)\cdots(k-n+2)$$
$$+ \cdots + c_{n-2}k(k-1) + c_{n-1}k + c_n = 0$$

の形の k に関する n 次方程式になる．<u>この方程式の解 k を求める</u>．解 k が実数か複素数か，さらには，解の重複度の数にしたがって，基本系の表し方が決まる．複雑になるが復習のために以下に列記する．

上の n 次方程式の左辺を因数分解してつぎのような形になったとする：

$$(k-k_1)^{m_1}\cdots(k-k_p)^{m_p}\{k-(\alpha_1+\beta_1 i)\}^{l_1}\{k-(\alpha_1-\beta_1 i)\}^{l_1}$$
$$\cdots\{k-(\alpha_q+\beta_q i)\}^{l_q}\{k-(\alpha_q-\beta_q i)\}^{l_q} = 0.$$

ここで

$$k_1, \cdots, k_p$$

は相異なる実数，

$$\alpha_1+\beta_1 i, \cdots, \alpha_q+\beta_q i$$

は相異なる複素数，そして

$$m_1, \cdots, m_p; \quad l_1, \cdots, l_q$$

は <u>重複度</u> を表す正の整数．また，$m_1 + \cdots + m_p + 2(l_1 + \cdots + l_q) = n$ である．

このとき解の基本系は，

$$x^{k_1}, \quad x^{k_1}\log x, \quad x^{k_1}(\log x)^2, \quad \cdots, \quad x^{k_1}(\log x)^{m_1-1};$$
$$\cdots\cdots\cdots\cdots\cdots\cdots\cdots\cdots\cdots\cdots;$$
$$\cdots\cdots\cdots\cdots\cdots\cdots\cdots\cdots\cdots\cdots;$$
$$x^{k_p}, \quad x^{k_p}\log x, \quad x^{k_p}(\log x)^2, \quad \cdots, \quad x^{k_p}(\log x)^{m_p-1};$$
$$x^{\alpha_1}\cos(\beta_1\log x), \quad x^{\alpha_1}\sin(\beta_1\log x),$$
$$x^{\alpha_1}\log x\cos(\beta_1\log x), \quad x^{\alpha_1}\log x\sin(\beta_1\log x),$$
$$\cdots\cdots\cdots\cdots\cdots\cdots,$$

$$x^{\alpha_1}(\log x)^{l_1-1}\cos(\beta_1 \log x), \quad x^{\alpha_1}(\log x)^{l_1-1}\sin(\beta_1 \log x);$$
$$\ldots\ldots\ldots\ldots\ldots\ldots\ldots;$$
$$\ldots\ldots\ldots\ldots\ldots\ldots\ldots;$$
$$x^{\alpha_q}\cos(\beta_q \log x), \quad x^{\alpha_q}\sin(\beta_q \log x),$$
$$x^{\alpha_q}\log x\cos(\beta_q \log x), \quad x^{\alpha_q}\log x\sin(\beta_q \log x),$$
$$\ldots\ldots\ldots\ldots\ldots\ldots\ldots,$$
$$x^{\alpha_q}(\log x)^{l_q-1}\cos(\beta_q \log x), \quad x^{\alpha_q}(\log x)^{l_q-1}\sin(\beta_q \log x)$$

となる．

Question 寒ーなってきた．これを憶えないといけないんですか？ 先生，そりゃ無理というもんです，なんとかしてください！

T. 気持ちはわかりますが，まあ無理して憶える必要はないでしょうね．上の結論を導く過程を理解してもらいたいだけだったんですがねー．例題・演習問題の解答を読んで，どうすればよいのかじっくり考えてください．2つ前の要項を思い出すとよいでしょう．

上の公式を実際に使ってみよう．

例題 19 [オイラー方程式]

つぎの微分方程式を解け．
(1) $x^2 y'' + xy' + y = 1$.
(2) $x^2 y'' - 3xy' + 4y = 0$.

[解] (1) $x = e^t$ とおくと $xy' = \dfrac{dy}{dt}$, $x^2 y'' = \dfrac{d^2 y}{dt^2} - \dfrac{dy}{dt}$ を与式に代入すれば

$$\frac{d^2 y}{dt^2} + y = 1.$$

これを解くと $y = C_1 \cos t + C_2 \sin t + 1$ となる．すなわち

$$y = C_1 \cos(\log x) + C_2 \sin(\log x) + 1.$$

確認 $\dfrac{d^2 y}{dt^2} + y = 1$ を解くと $y = C_1 \cos t + C_2 \sin t + 1$ となることを示せ．

(2) $y = x^k$ とおく．$y' = kx^{k-1}$, $y'' = k(k-1)x^{k-2}$ を代入すれば

$$x^2 \cdot k(k-1)x^{k-2} - 3x \cdot kx^{k-1} + 4x^k = 0.$$

$$\therefore \quad k^2 - 4k + 4 = 0. \quad \text{すなわち} \quad k = 2 \quad (\text{重複度は 2}).$$

よって，解の基本系は x^2, $x^2 \log x$. したがって

$$y = C_1 x^2 + C_2 x^2 \log x. \qquad \blacksquare$$

▶**演習 19** つぎの微分方程式の解を求めよ．
(1) $x^2 y'' + 3xy' + y = 0$.
(2) $(3x+2)y'' + 7y' = 0$.
(3) $x^2 y'' - 4xy' + 6y = x$.
(4) $(1+x)^2 y'' - 3(1+x)y' + 4y = (1+x)^3$.

次のテーマは連立微分方程式である．

|解説|**（消去法）**　（また抽象的な表現になるが，しばらくの辛抱を！）
未知関数が $y = y(x)$, $z = z(x)$ の連立方程式

$$\begin{cases} \dfrac{dy}{dx} = f(x, y, z) & \text{(i)} \\[2mm] \dfrac{dz}{dx} = g(x, y, z) & \text{(ii)} \end{cases}$$

を解くとする．つぎのように計算する：
どちらか 1 つの方程式を (x で) 微分する．たとえば，最初の式を微分すれば

$$\frac{d^2 y}{dx^2} = f_x(x, y, z) + f_y(x, y, z) f(x, y, z) + f_z(x, y, z) g(x, y, z). \qquad (2.34)$$

確認　y と z は x の関数だから，合成関数の微分公式より

$$\frac{d^2 y}{dx^2} = f_x(x, y, z) + f_y(x, y, z) \frac{dy}{dx} + f_z(x, y, z) \frac{dz}{dx},$$

したがって，(i) と (ii) を用いて

$$\frac{d^2 y}{dx^2} = f_x(x, y, z) + f_y(x, y, z) f(x, y, z) + f_z(x, y, z) g(x, y, z) \qquad (2.34)$$

となる．
　　Question　うーん？　わかりません．もっと詳しく教えてください．
　　T.　合成関数の偏微分で混乱をするところです．慣れれば問題はおきないと思います．つまり，わからないといわれるのは，$f_x(x,y,z)$, $f_y(x,y,z)$, $f_z(x,y,z)$ の添え文字の x, y, z と関数 $f_x(x,y,z)$, $f_y(x,y,z)$, $f_z(x,y,z)$ の (x,y,z) の

中にある文字 x, y, z が同じだと思い込んだためにわからなくなったんではないでしょうか．(2.34) 式の両辺の関数の変数は x だけです．残りの文字 y, z は変数のようにみえますがそうではありません，x の関数なんですよ．残念ながら詳しい説明をする時間的余裕がありません．微積分の本をいま一度精読してみてください．

つぎに，連立方程式の 1 番目の式 $\frac{dy}{dx} = f(x, y, z)$ から z を，$\frac{dy}{dx}, x, y$ を用いて表す．そして，この z を (2.34) 式に代入する．これで文字 z が消去される．

補足 1 番目の式 $\frac{dy}{dx} = f(x, y, z)$ から z は $x, y, \frac{dy}{dx}$ の関数とみなされる．ゆえに，ある関数 ϕ を用いて

$$z = \phi\left(x, y, \frac{dy}{dx}\right) \tag{2.35}$$

の形で表されると考える．

Question あーあ，ますますわけがわからなくなった！　もっともっと詳しく説明できませんか？

T. ごもっともです．さきほどの説明と矛盾するようですが，こう考えています．$\frac{dy}{dx} = f(x, y, z)$ において $\frac{dy}{dx}, x, y, z$ の文字をそれぞれ $\gamma, \alpha, \beta, \delta$ に置き換えた式 $\gamma = f(\alpha, \beta, \delta)$ をつくります．どんな場合にでも使えるわけではありませんが，このとき δ を α, β, γ の関数とみなすと，適切に関数 ϕ をとれば $\delta = \phi(\alpha, \beta, \gamma)$ と表される．陰関数の定理を用いています．そして $\alpha, \beta, \gamma, \delta$ をもとの文字にもどした結果が上の (2.35) 式です．

その結果，未知関数 y についての 2 階微分方程式が得られる．それを解くと y は任意定数を 2 つ含む

$$y = \overset{\text{プシー}}{\psi}(x, C_1, C_2)$$

の形の式で表される．この y をさきほど求めておいた (2.35) 式に代入すると，z が求められる．これで完了．この方法を**消去法**という．

Question ちょっとまって．まだおわってません！　いまのやりかたは，たとえば，といって 1 番目の式 (i) を微分したんでしたね．さからう気はありませんが，そうしなかったら，つまり 2 番目の式 (ii) を微分した場合はどうなりますか？

T. ごもっとも．(ii) を微分しても同じようになります．やってみましょう，詳しい考察はこれまでの説明を参考にしてあなた自身でやってくださいね．

(ii) 式を微分すれば

$$\frac{d^2z}{dx^2} = g_x(x,y,z) + g_y(x,y,z)f(x,y,z) + g_z(x,y,z)g(x,y,z).$$

つぎに，(ii) 式 $\dfrac{dz}{dx} = g(x,y,z)$ から y を，$\dfrac{dz}{dx}, x, z$ を用いて表す．そして，この y を上の式に代入する．これで文字 y が消去され，未知関数 z についての 2 階微分方程式が得られる．それを解くと z は任意定数を 2 つ含む

$$z = \overset{カイ}{\chi}(x, C_1, C_2)$$

の形の式で表される．この z をさきほど求めておいた y の式に代入すると，y が得られる．

例題 20 [連立微分方程式]

連立微分方程式

$$\begin{cases} \dfrac{dy}{dx} + 2y + 4z = 1 + 4x & \text{(i)} \\ \dfrac{dz}{dx} + y - z = \dfrac{3}{2}x^2 & \text{(ii)} \end{cases}$$

を解け．

[解] 式 (i)

$$\frac{dy}{dx} + 2y + 4z = 1 + 4x$$

を微分すると

$$\frac{d^2y}{dx^2} + 2\frac{dy}{dx} + 4\frac{dz}{dx} = 4.$$

したがって，式 (i) から $\dfrac{dy}{dx} = -2y - 4z + 1 + 4x$, (ii) から $\dfrac{dz}{dx} = -y + z + \dfrac{3}{2}x^2$ なので

$$\frac{d^2y}{dx^2} + 2(-2y - 4z + 1 + 4x) + 4\left(-y + z + \frac{3}{2}x^2\right) = 4,$$

すなわち

$$\frac{d^2y}{dx^2} - 8y - 4z + 8x = 2 - 6x^2.$$

ところで，式 (i) から

$$z = \frac{1}{4}\left(1 + 4x - \frac{dy}{dx} - 2y\right). \tag{iii}$$

式 (iii) を上式 $\dfrac{d^2y}{dx^2} - 8y - 4z + 8x = 2 - 6x^2$ に代入すれば

$$\frac{d^2y}{dx^2} + \frac{dy}{dx} - 6y = -6x^2 - 4x + 3$$

となる．これを解いて

$$y = C_1 e^{2x} + C_2 e^{-3x} + x^2 + x.$$

よって (iii) から

$$z = -C_1 e^{2x} + \frac{C_2}{4} e^{-3x} - \frac{1}{2} x^2.$$

注意 連立方程式の個数が 3 以上であっても同様に取り扱う．つぎの演習問題に例をあげておく．

▶**演習 20** つぎの連立微分方程式の解を求めよ．

(1) $\begin{cases} \dfrac{dy}{dx} = z \\ \dfrac{dz}{dx} = -y \end{cases}$
(2) $\begin{cases} \dfrac{dy}{dx} = -3y - z \\ \dfrac{dz}{dx} = y - z \end{cases}$

(3) $\begin{cases} \dfrac{dy}{dx} + 2y + z = \sin x \\ \dfrac{dz}{dx} - 4y - 2z = \cos x \end{cases}$
(4) $\begin{cases} \dfrac{dx}{dt} = y \\ \dfrac{dy}{dt} = z \\ \dfrac{dz}{dt} = x \end{cases}$

(5) $\begin{cases} \dfrac{d^2y}{dx^2} + 2y + 4z = e^x \\ \dfrac{d^2z}{dx^2} - y - 3z = -x \end{cases}$
(6)* $\begin{cases} \dfrac{dy}{dx} = \dfrac{y^2}{z} \\ \dfrac{dz}{dx} = \dfrac{y}{2} \end{cases}$

(7)* $\begin{cases} \dfrac{dy}{dx} = -z + 1 \\ \dfrac{dz}{dx} = -\dfrac{2y}{x^2} + \log x \end{cases}$
(8) $\dfrac{dx}{x - y} = \dfrac{dy}{x + y} = \dfrac{dz}{z}.$

これまでは，微分方程式を解いて，しかも，それを具体的に表示することを主眼にしてきた．解の具体的表示がわかれば，解の定量的性質がわかるからである．

しかし，一般には，解の具体的表示を求めることは，ほとんどといってよいほど不可能である．そのような場合どうすればよいのだろう？

解を直接求めることなく，すべての解の振舞い(解の定性的性質)を調べることのできる方法はないだろうか？

Question そーんなうまい方法あるわけないですよ，先生！ 世の中そんなに甘くないって，うちのお袋がいってました．ちがいますか？

T. あなたのお袋さんのいわれるとおり！ 確かに世の中そんなに甘いもんじゃないですね．でもねー，たまにはあまいこともあるんですよ．まあ以下のはなしに耳を傾けてください．

定義 2.11 a, b, c, d を定数とする．未知関数 x, y についての連立微分方程式

$$\begin{cases} \dfrac{dx}{dt} = ax + by \\ \dfrac{dy}{dt} = cx + dy \end{cases}$$

を 2 次元**線形自励系**という．

線形自励系の解 $x = x(t)$, $y = y(t)$ が描く曲線 (t が変化するときの点 $(x(t), y(t))$ の描く軌跡) を**解軌道**という．この場合，曲線の描かれている座標平面を**相平面**，原点を**危点**という．

注意 本書では危点という語句を用いたが，**臨界点・平衡点・特異点**という語句を用いる本もある．混乱するが同じものである．その点は，連立微分方程式 (簡単のため未知関数が 2 個の場合で説明するが)

$$\begin{cases} \dfrac{dx}{dt} = f(x, y) \\ \dfrac{dy}{dt} = g(x, y) \end{cases}$$

において $f(x, y) = g(x, y) = 0$ をみたす座標点 (x, y) のことである．

考察 (上記の) 2 次元線形自励系に対して行列 A, $\boldsymbol{X}$ を

$$A = \begin{pmatrix} a & b \\ c & d \end{pmatrix}, \quad \boldsymbol{X} = \begin{pmatrix} x \\ y \end{pmatrix}$$

とおくと，上の線形自励系は

$$\frac{d\boldsymbol{X}}{dt} = A\boldsymbol{X} \tag{2.36}$$

と表される．ただし，

$$\frac{d\boldsymbol{X}}{dt} = \begin{pmatrix} \dfrac{dx}{dt} \\ \dfrac{dy}{dt} \end{pmatrix}$$

と約束する．

以下 $b \neq 0$ または $c \neq 0$ の場合のみ考える．

注意 $b = c = 0$ の場合，線形自励系 (2.36) は連立方程式とはみなさない．

(I) $ad - bc \neq 0$ の場合．行列 A の固有値を求める．

Question 固有値ッテ，なんでしたか？
T. 固有値を忘れちゃこまりますぞ．習ってなければ無理はないですが．n 行 n 列の行列 A に対して行列式 $|A - \lambda I| = 0$ をみたす数 λ を行列 A の**固有値**といいます (I は単位行列)．

それを λ_1, λ_2 として，ある (2 次の正則) 行列 P を適切につくると，
Case 1. λ_1, λ_2 が相異なる実数のときは，

$$P^{-1}AP = \begin{pmatrix} \lambda_1 & 0 \\ 0 & \lambda_2 \end{pmatrix}. \tag{i}$$

Case 2. $\lambda_1 = \lambda_2 \,(= \lambda$ とおく$)$ のときは，

$$P^{-1}AP = \begin{pmatrix} \lambda & 1 \\ 0 & \lambda \end{pmatrix}. \tag{ii}$$

Case 3. λ_1, λ_2 が複素数のときは，

$$P^{-1}AP = \begin{pmatrix} \dfrac{\lambda_1 + \lambda_2}{2} & \dfrac{\lambda_2 - \lambda_1}{2i} \\ \dfrac{\lambda_1 - \lambda_2}{2i} & \dfrac{\lambda_1 + \lambda_2}{2} \end{pmatrix} \tag{iii}$$

となる．

注意 Case 3 における λ_1, λ_2 は，互いに他の共役複素数である．行列 P のつくり方は一通りにきまるわけではない．

Question 実数部分，虚数部分ってなんですか？ どうやって適切に行列 P をつくるんですか？

T. 複素数 $z = a + bi$ に対して，$\bar{z} = a - bi$ を z の共役複素数といいます．適切に行列 P をつくるには固有ベクトルを用います．そのつくりかたは線形代数の本を参照してください．以下の例題でも行列 P をつくっています．参考に．ただ Case 3 の場合は線形代数で習っていないかもしれません．そこで **Case 3 の場合のときの**行列 P の**つくりかた**を以下記します．

複素数の固有値 λ_1, λ_2 に対して，Case 1 と同じ方法で (固有ベクトルを用いて) $Q^{-1}AQ = \begin{pmatrix} \lambda_1 & 0 \\ 0 & \lambda_2 \end{pmatrix}$ となる行列 Q をつくる (行列 Q の成分は複素数である)．求める行列 P は

$$P = Q \begin{pmatrix} 1 & i \\ 1 & -i \end{pmatrix}$$

で求められます．

(II) $ad - bc = 0$ の場合．この場合も，ある (2 次の正則) 行列 P を適切につくると

$$P^{-1}AP = \begin{pmatrix} a+d & 0 \\ 0 & 0 \end{pmatrix} \tag{iv}$$

となる．

Question また適切に，ですか！ それにこの場合は固有値を求めなくてもいいんですか？ なぜですか？

注意 $ad - bc = 0$ の場合，固有値は $a + d$ と 0 である．

要項 以上 (i)〜(iv) 式の右辺の行列を**標準形**という．上記の行列 P に対して $\boldsymbol{X} = P\boldsymbol{Y}$ とおくと，線形自励系 (2.36) は

(i) のとき，

$$\frac{d\boldsymbol{Y}}{dt} = \begin{pmatrix} \lambda_1 & 0 \\ 0 & \lambda_2 \end{pmatrix} \boldsymbol{Y}. \tag{i}'$$

(ii) のとき,
$$\frac{d\boldsymbol{Y}}{dt} = \begin{pmatrix} \lambda & 1 \\ 0 & \lambda \end{pmatrix} \boldsymbol{Y}. \tag{ii)'}$$

(iii) のとき,
$$\frac{d\boldsymbol{Y}}{dt} = \begin{pmatrix} \dfrac{\lambda_1 + \lambda_2}{2} & \dfrac{\lambda_2 - \lambda_1}{2i} \\ \dfrac{\lambda_1 - \lambda_2}{2i} & \dfrac{\lambda_1 + \lambda_2}{2} \end{pmatrix} \boldsymbol{Y}. \tag{iii)'}$$

(iv) のとき,
$$\frac{d\boldsymbol{Y}}{dt} = \begin{pmatrix} a+d & 0 \\ 0 & 0 \end{pmatrix} \boldsymbol{Y}. \tag{iv)'}$$

となる.

注意 $\boldsymbol{Y} = \begin{pmatrix} x_1 \\ y_1 \end{pmatrix}$ とおくと $\dfrac{d\boldsymbol{Y}}{dt} = \begin{pmatrix} \dfrac{dx_1}{dt} \\ \dfrac{dy_1}{dt} \end{pmatrix}$.

Question なんか, えらく長い説教にきこえてきます. はやく結論をいってください. しびれがきれました！

(i)$'$〜(iv)$'$ のそれぞれを行列成分にもどすと, 未知関数 x_1, y_1 に関する (連立) 微分方程式になるが, それらはいずれも容易に解くことができる.

そして, 座標平面 (**相平面**) 上に点 (x_1, y_1) の描く曲線 (**解軌道**) を求める (変数 t を消去すればよい). すると t の値が変わっていくとき, 点 (x_1, y_1) が原点 (**危点**) のまわりをどのように動くかがわかる.

結論 線形自励系 (2.36) の解の描く曲線は, 1 次変換
$$\begin{pmatrix} x \\ y \end{pmatrix} = P \begin{pmatrix} x_1 \\ y_1 \end{pmatrix}$$
によって, (x_1, y_1) 平面上の標準形の解の描く曲線 (解軌道) に写る (原点は原点に写る). 標準形の解軌道が原点の周りをどのように動いていくか,

そのタイプはいくつかのタイプに分類される ((i), (ii), (iii) のそれぞれのタイプの図を記した. ただしいくつか省略した).

(i) $P^{-1}AP = \begin{pmatrix} \lambda_1 & 0 \\ 0 & \lambda_2 \end{pmatrix}$ のとき. $x_1 = C_1 e^{\lambda_1 t}$, $y_1 = C_2 e^{\lambda_2 t}$; t を消去すると解軌道が得られる. このとき原点を, $\lambda_1 \lambda_2 > 0$ のときは**結節点**; $\lambda_1 \lambda_2 < 0$ のときは**鞍点**という.

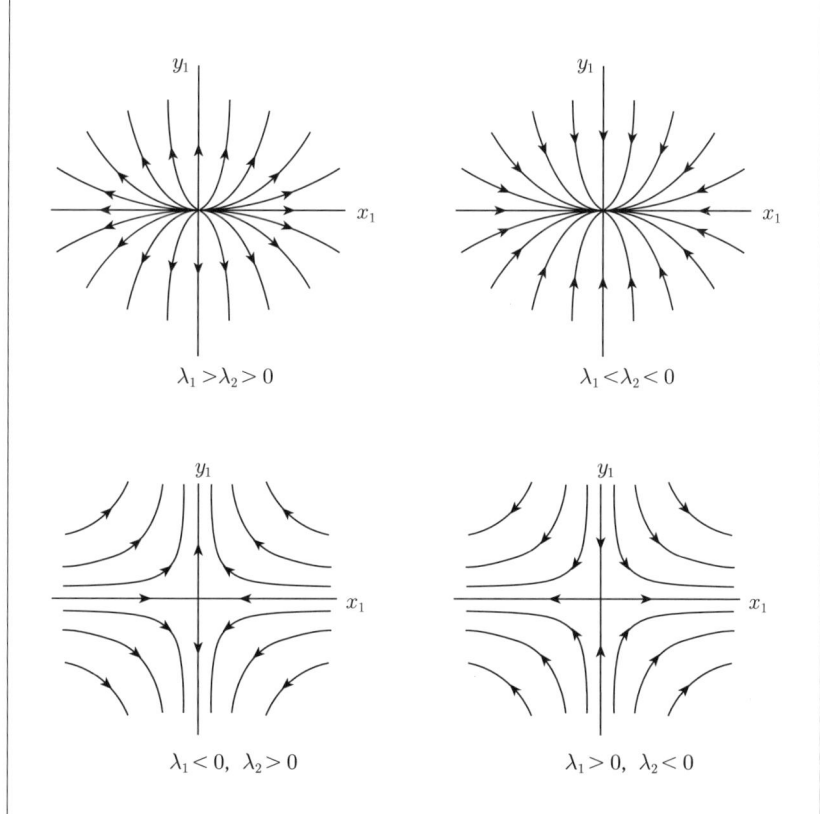

$\lambda_1 > \lambda_2 > 0$

$\lambda_1 < \lambda_2 < 0$

$\lambda_1 < 0, \lambda_2 > 0$

$\lambda_1 > 0, \lambda_2 < 0$

(ii) $P^{-1}AP = \begin{pmatrix} \lambda & 1 \\ 0 & \lambda \end{pmatrix}$ のとき. $x_1 = (C_1 + C_2 t)e^{\lambda t}$, $y_1 = C_2 e^{\lambda t}$; t を消去すると解軌道が得られる. このとき原点を**結節点**という.

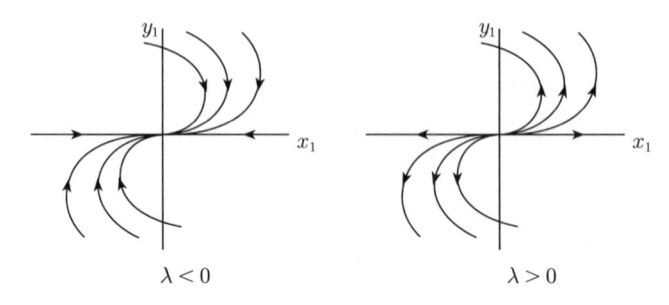

$\lambda < 0$ 　　　　　　　　　$\lambda > 0$

(iii) $P^{-1}AP = \begin{pmatrix} \alpha & \beta \\ -\beta & \alpha \end{pmatrix}$ のとき $\left(\text{ただし } \alpha = \dfrac{\lambda_1 + \lambda_2}{2}, \beta = \dfrac{\lambda_2 - \lambda_1}{2i} \right)$. $x_1 = (C_1 \cos \beta t + C_2 \sin \beta t)e^{\alpha t}$, $y_1 = (C_2 \cos \beta t - C_1 \sin \beta t)e^{\alpha t}$；$t$ を消去すると解軌道が得られる．このとき原点を $\alpha \neq 0$ のときは**渦心点**；$\alpha = 0$ のときは**中心**という．

$\alpha > 0, \beta > 0$ 　　　　　　　$\alpha < 0, \beta < 0$

$\alpha = 0, \beta < 0$ 　　　　　　　$\alpha = 0, \beta > 0$

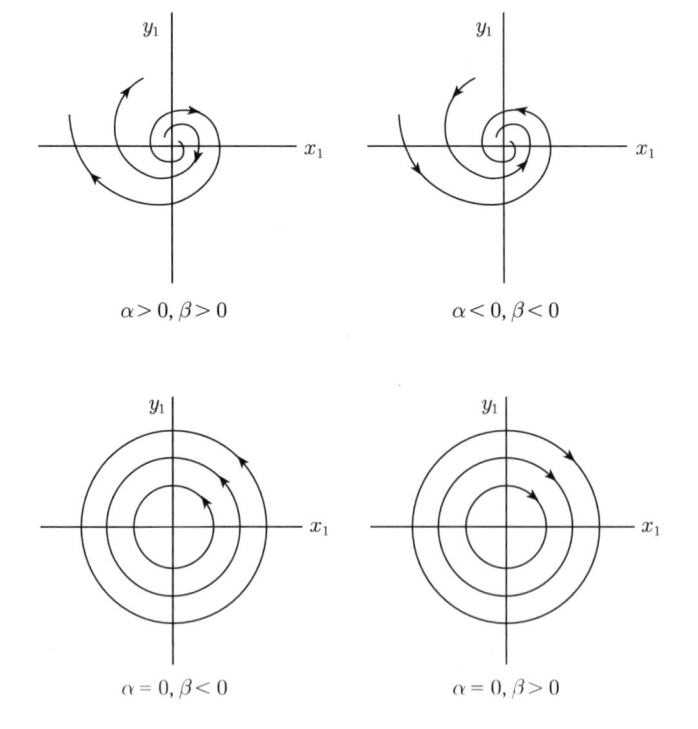

(iv) $P^{-1}AP = \begin{pmatrix} a+d & 0 \\ 0 & 0 \end{pmatrix}$ のとき. $x_1 = C_1 e^{(a+d)t}$, $y_1 = C_2$; 解軌道は x_1 軸に平行な直線群.

例題 21 [線形自励系]

連立微分方程式

$$\begin{cases} \dfrac{dx}{dt} = x - y \\ \dfrac{dy}{dt} = -2x \end{cases}$$

の標準形およびそれに変換する行列 P を求めて, $t \to \infty$ のときの解の動きを調べよ.

[解]

$$A = \begin{pmatrix} 1 & -1 \\ -2 & 0 \end{pmatrix}$$

とおくと $|A| \neq 0$. 固有値 λ を求める.

$$\begin{vmatrix} 1-\lambda & -1 \\ -2 & -\lambda \end{vmatrix} = \lambda^2 - \lambda - 2 = 0 \quad \text{を解いて} \quad \lambda = 2, -1.$$

したがって標準形は

$$\begin{pmatrix} 2 & 0 \\ 0 & -1 \end{pmatrix}.$$

このとき

$$\frac{d\boldsymbol{Y}}{dt} = \begin{pmatrix} 2 & 0 \\ 0 & -1 \end{pmatrix} \boldsymbol{Y}$$

を解くと

$$x_1 = C_1 e^{2t}, \quad y_1 = C_2 e^{-t}.$$

よって t を消去すれば

$$\begin{cases} x_1 = \dfrac{C}{y_1^2} & (C = C_1 C_2^2,\ C_2 \neq 0) \\ y_1 = 0 & (C_2 = 0). \end{cases}$$

したがって, t が $0 \to \infty$ と増えていくとき, 点 $(x_1, y_1) = (x_1(t), y_1(t))$ は,

① 点 (C_1, C_2) が第 1 象限にある場合．点 (C_1, C_2) から (第 1 象限にある) 曲線 $x_1 = \dfrac{C}{y_1^2}$ 上を右に移動しながら x_1 軸にかぎりなく近づいていく．

② 点 (C_1, C_2) が第 2 象限にある場合．点 (C_1, C_2) から (第 2 象限にある) 曲線 $x_1 = \dfrac{C}{y_1^2}$ 上を左に移動しながら x_1 軸にかぎりなく近づいていく．

③ 点 (C_1, C_2) が第 3 象限にある場合．点 (C_1, C_2) から (第 3 象限にある) 曲線 $x_1 = \dfrac{C}{y_1^2}$ 上を左に移動しながら x_1 軸にかぎりなく近づいていく．

④ 点 (C_1, C_2) が第 4 象限にある場合．点 (C_1, C_2) から (第 4 象限にある) 曲線上を右に移動しながら x_1 軸にかぎりなく近づいていく．

⑤ $C_1 > 0$ のとき．点 $(C_1, 0)$ から x_1 軸上をかぎりなく右に移動していく．

⑥ $C_1 < 0$ のとき．点 $(C_1, 0)$ から x_1 軸上をかぎりなく左に移動していく．

⑦ $C_2 > 0$ のとき．点 $(0, C_2)$ から y_1 軸上をかぎりなく原点に近づいていく．

⑧ $C_2 < 0$ のとき．点 $(0, C_2)$ から y_1 軸上をかぎりなく原点に近づいていく．

⑨ $C_1 = C_2 = 0$ のとき．原点にとどまって動かない．

結局, t が $0 \to \infty$ と増えていくときの点 $(x_1, y_1) = (x_1(t), y_1(t))$ の動きは，以下の i) 〜 iv) のいずれかになる：

i) 各曲線群 $x_1 = \dfrac{C}{y_1^2}$ 上をもどることなく x_1 軸にかぎりなく近づいていく．

ii) x_1 軸上を原点からもどることなくかぎりなく離れていく向きに動いていく．

iii) y_1 軸上を原点に向かってもどることなくかぎりなく近づいていく．

iv) 原点にとどまって動かない．

さて変換行列 P を求める．2 に属する固有ベクトル，-1 に属する固有ベクトルを，それぞれ $\boldsymbol{u}, \boldsymbol{v}$ とすると，

$$P = (\boldsymbol{u}, \boldsymbol{v})$$

である．

ここで $\boldsymbol{u} = \begin{pmatrix} u_1 \\ u_2 \end{pmatrix}$ とおいて $A\boldsymbol{u} = 2\boldsymbol{u}$ を解くと $u_1 + u_2 = 0$. これをみたすベクトル $\boldsymbol{u}$ を 1 つ求めると $\boldsymbol{u} = \begin{pmatrix} 1 \\ -1 \end{pmatrix}$. 同様にして $A\boldsymbol{v} = -\boldsymbol{v}$ から $\boldsymbol{v}$ を 1 つ求めると $\boldsymbol{v} = \begin{pmatrix} 1 \\ 2 \end{pmatrix}$. したがって

$$P = \begin{pmatrix} 1 & 1 \\ -1 & 2 \end{pmatrix}.$$

▶ 演習 21　つぎの線形自励系の標準形およびそれに変換する行列 P を求めて，$t \to \infty$ のときの解の動きを調べよ．

(1) $\begin{cases} \dfrac{dx}{dt} = y \\ \dfrac{dy}{dt} = -x \end{cases}$ (2) $\begin{cases} \dfrac{dx}{dt} = -3x - y \\ \dfrac{dy}{dt} = x - y \end{cases}$ (3) $\begin{cases} \dfrac{dx}{dt} = x + 5y \\ \dfrac{dy}{dt} + x + 3y = 0 \end{cases}$

要項 変数 t，未知関数 x とするとき，つぎの形の n 階微分方程式

$$\frac{d^n x}{dt^n} = f(x, x', x'', \cdots, x^{(n-1)})$$

は**自励系**であるという (右辺の関数に微分記号はついているものの変数 t が含まれていない)．このときは

$$y = \frac{dx}{dt}$$

と置き換えをすると，もとの自励系は変数 x，未知関数 y の微分方程式になる．

その微分方程式を解いて (x, y) 平面 (相平面) 上に解曲線 (解軌道) を描けば，もとの微分方程式の解 x は位置を表す関数を表しているとみなすと，その速度である y と x の様子が，解曲線のグラフより読みとれる．

Memo 自励系という専門用語を用いたが，つぎの意味である．

微分方程式が，みかけ上，変数を含まない形をしているとき，その方程式は**自励系**であるという．たとえば，微分方程式 $\dfrac{dy}{dx} = y$ は，$\dfrac{dy}{dx} = y'$ とかくと $y' = y$ には変数 x がみかけ上ないので微分方程式 $\dfrac{dy}{dx} = y$ は自励系．一方，微分方程式 $\dfrac{dy}{dx} = y + x$ は，$\dfrac{dy}{dx} = y'$ とおいても変数 x があるので微分方程式 $\dfrac{dy}{dx} = y + x$ は自励系ではない．

Question ん？ どういうことかよくわかりませんが．

T. $y = \dfrac{dx}{dt}$ と置き換えをすると

$$x'' = \frac{dy}{dx}\frac{dx}{dt} = y\frac{dy}{dx}, \quad x''' = \frac{d}{dx}\left(y\frac{dy}{dx}\right)\frac{dx}{dt} = y^2\frac{d^2 y}{dx^2} + y\left(\frac{dy}{dx}\right)^2, \quad \cdots$$

というぐあいに変数 t は表れず，x とそれについての導関数 $y', y'', \cdots$ のみが表

れるということです．

例題 22 ［自励系］

微分方程式

$$\frac{d^2x}{dt^2} = -\frac{1}{2}\sin x$$

の相平面における解軌道を求めて，その動きを調べよ．

[解] $y = \dfrac{dx}{dt}$ とおくと，$\dfrac{d^2x}{dt^2} = yy'$ だから，与式は

$$2yy' = -\sin x. \quad \therefore \quad (y^2)' = -\sin x. \quad \therefore \quad y^2 = \cos x + C.$$

点 (x, y) は t の関数だから，それを P(t) と書けば，P(t) はつぎのように移動する ($y = \dfrac{dx}{dt}$ に注意)：

(i) $C > 1$ のとき．$\cos x + C$ はつねに正である．ゆえにつねに $y > 0$，またはつねに $y < 0$ に注意すれば，

① 点 P(t_0) が曲線 $\boldsymbol{C}_+ : y = \sqrt{\cos x + C}$ 上にあるときは，t が t_0 より大きくなっていくと，点 P(t) は曲線 $\boldsymbol{C}_+$ 上を点 P(t_0) からもどることなく右に動いていく．

② 点 P(t_0) が曲線 $\boldsymbol{C}_- : y = -\sqrt{\cos x + C}$ 上にあるときは，t が t_0 より大きくなっていくと，点 P(t) は曲線 $\boldsymbol{C}_-$ 上を点 P(t_0) からもどることなく左に動いていく．

(ii) $C = 1$ のとき．$y = \pm\sqrt{2}\cos\dfrac{x}{2}$．$y = 0$ になるのは $x = (2n+1)\pi$ ($n = 0, \pm 1, \pm 2, \cdots$)．

P$(t_0) \neq ((2n+1)\pi, 0)$ ($n = 0, \pm 1, \pm 2, \cdots$) の場合．

③ 点 P(t_0) が曲線 $y = \sqrt{2}\cos\dfrac{x}{2}$ 上にあるとき．t が t_0 より大きくなっていくと，点 P(t) はその曲線上をもどることなく右に移動して，ある点 $((2m+1)\pi, 0)$ に達する．その点に達した後，ふたたび同じ曲線 $y = \sqrt{2}\cos\dfrac{x}{2}$ 上を点 $((2m+3)\pi, 0)$ に達するまで，もどることなく右に移動するか，あるいは，曲線 $y = -\sqrt{2}\cos\dfrac{x}{2}$ に移り，その曲線上を点 $((2m-1)\pi, 0)$ に達するまで，もどることなく左に移動する．

④ 点 P(t_0) が曲線 $y = -\sqrt{2}\cos\dfrac{x}{2}$ 上にあるとき．t が t_0 より大きくなっていくと，点 P(t) はその曲線上をもどることなく左に移動して，ある点 $((2l+1)\pi, 0)$ に達する．その点に達した後，ふたたび同じ曲線 $y = -\sqrt{2}\cos\dfrac{x}{2}$ 上を点 $((2l-1)\pi, 0)$ に達するまで，もどることなく左に移動するか，あるいは，曲線

$y = \sqrt{2}\cos\dfrac{x}{2}$ に移り，その曲線上を点 $((2l+3)\pi, 0)$ に達するまで，もどることなく右に移動する．

点 $P(t_0)$ が，どれかの点 $((2k+1)\pi, 0)$ に一致する場合．

⑤ t が t_0 より大きくなっていくと，点 $P(t)$ は曲線 $y = \sqrt{2}\cos\dfrac{x}{2}$ 上を点 $((2k+3)\pi, 0)$ に達するまで，もどることなく右に移動するか，あるいは，曲線 $y = -\sqrt{2}\cos\dfrac{x}{2}$ 上を点 $((2k-1)\pi, 0)$ に達するまで，もどることなく左に移動する．

(iii) $-1 \leqq C < 1$ のとき．$\cos x + C = 0$ をみたす x $(0 \leqq x \leqq 2\pi)$ の値を α, $2\pi - \alpha$ とする．このときは，曲線 $C_n : y^2 = \cos x + C$ $(2n\pi + \alpha \leqq x \leqq (2n+1)\pi - \alpha$, $n = 0, \pm 1, \pm 2, \cdots)$ は閉曲線である．点 $P(t_0)$ が曲線 C_{n_0} 上にあるとき，t が t_0 より大きくなっていくと，点 $P(t)$ は曲線 C_{n_0} 上を点 $P(t_0)$ から時計回りにまわっていく．

結局，t が $0 \to \infty$ と増えていくとき，点 $P(t)$ の動きは以下のいずれかになる：

i) 曲線群 $\boldsymbol{C}_+$ ($C = 1$ も含める) 上をもどることなく左から右にかぎりなく移動していく．
ii) 曲線群 $\boldsymbol{C}_-$ ($C = 1$ も含める) 上をもどることなく右から左にかぎりなく移動していく．
iii) 曲線 $y = \pm\sqrt{2}\cos\dfrac{x}{2}$ の各点 $((2n+1)\pi, 0)$ から (図のような向きの) 出入りをするような移動を繰り返す．
iv) 閉曲線群 $\boldsymbol{C}_n$ 上を時計回りにもどることなく回転し続ける． ■

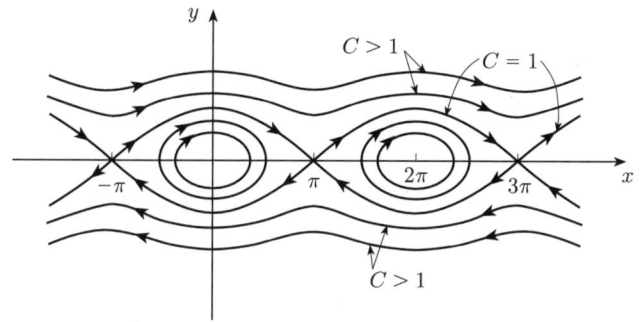

Question $y = \dfrac{dx}{dt}$ に注意，がわかりません．どういうことですか？

T. $y = \dfrac{dx}{dt}$ ですから $y > 0$ は $\dfrac{dx}{dt} > 0$．よって $x = x(t)$ は t について単調増加関数です．したがって，t の値が増えていくにともなって $x = x(t)$ の値も増えていきます．つまり，$x = x(t)$ は x 軸上をもどることなく右に移動することを意味します．だから，たとえば ① 点 $P(t_0)$ が曲線 $\boldsymbol{C}_+ : y = \sqrt{\cos x + C}$ 上にあるときは，$y > 0$ ですから，t が t_0 より大きくなっていくと，点 $P(t)$ は曲線 $\boldsymbol{C}_+$ 上を点 $P(t_0)$ からもどることなく右に動いていくことがわかりますね．

▶ **演習 22**
(1) つぎの関数は相平面上でどのような曲線を描くか．
(i) $x = t^2 + 2t + 3$．　(ii) $x = a \sin\left(2t + \dfrac{\pi}{6}\right)$．　(iii) $x = 4e^{-3t}$．

(2) つぎの微分方程式の相平面における解軌道を求めてその動きを調べよ．
(i) $\dfrac{d^2 x}{dt^2} = 1 - \left(\dfrac{dx}{dt}\right)^2$．　(ii) $\dfrac{d^2 x}{dt^2} = -\dfrac{1}{x^3}$．

(3)* 質量 m の物体をバネ定数 k のバネにつるしたときのバネの伸びを表す関数 x は，微分方程式 $m\dfrac{d^2 x}{dt^2} + kx = 0$ をみたす．これの相平面における解曲線を求めてその動きを調べよ．

(4) バネ定数 k のバネに質量 m の物体の付いた機械を，ある固体表面に置いてその摩擦力 F を調べたところ，その機械の静止の状態からの変位 x は，微分方程式

$$m\frac{d^2 x}{dt^2} + kx = \begin{cases} -F & \left(\dfrac{dx}{dt} > 0\right) \\ F & \left(\dfrac{dx}{dt} < 0\right) \end{cases}$$

をみたしたという．相平面における解曲線を求めてその動きを調べよ．

2.5 解析的微分方程式

本節では，積分を使わない新しい解法，すなわち，**級数を用いた解法**で，微分方程式を解いてみよう．どんな場合でも適用できる，ということではないが，ある条件の下では適用可能な方法であり，有力な計算法である．

> **要項** （変数 x の）微分方程式の解 y を $x = x_0$ を含む区間で求めるとする．そのとき
>
> $$y = \sum_{n=0}^{\infty} c_n (x - x_0)^n \tquad (2.37)$$
>
> とおいて解を求める方法を**べき級数法**という．すなわち，
>
> "(2.37) を微分方程式に代入して値 c_n ($n = 0, 1, \cdots$) を決める"
>
> 方法である．

注意 1　$c_0, c_1, c_2, \cdots$ のうちの最初のいくつかの値は自由に値を決められることがある．そうなるかどうかは微分方程式を解く条件 (初期条件) による．
　　また，値 x_0 は $\underline{x_0 = 0}$ とおくことが多いが，微分方程式を解く x の範囲を考

慮して決める．

注意 2 この方法はどんな場合でも適用できるわけではない．どのような場合に適用できるのか？ それは，解こうとする微分方程式が**解析的**な方程式の場合である．**解析的な**方程式とはどういう意味か？ これについては残念ながら説明を控えておく．詳細は，微積分学，解析学，または複素解析（関数論）の本，あるいは先生に．

注意 3 (2.37) 式で表される解が求められたとしても，その解が存在する範囲はある範囲に限られることに注意．正確な存在範囲は，**収束半径**を計算することによって決定される．

　詳細は，微積分学，解析学，または複素解析（関数論）の本，あるいは先生に．

Question ずいぶん難しそうですねー！ パッとわかる便利なものはありませんか？

T. ありませんよ！ あったらこっちが教えてほしいくらいですよ．

例題 23 ［べき級数法 1］

$y(0) = a$, $y'(0) = b$ となるつぎの微分方程式

$$y'' - xy = 0$$

の解 $y = y(x)$ をべき級数法で求めよ．

［解］

$$y = \sum_{n=0}^{\infty} c_n x^n$$

とおくと

$$y'' = 2 \cdot 1 c_2 + 3 \cdot 2 c_3 x + \cdots + n(n-1) c_n x^{n-2}$$
$$+ (n+1)n c_{n+1} x^{n-1} + (n+2)(n+1) c_{n+2} x^n + \cdots.$$

したがって，与式に代入すれば

$$\{2 \cdot 1 c_2 + 3 \cdot 2 c_3 x + \cdots + n(n-1) c_n x^{n-2}$$
$$+ (n+1)n c_{n+1} x^{n-1} + (n+2)(n+1) c_{n+2} x^n + \cdots\}$$
$$- x \{c_0 + c_1 x + \cdots + c_n x^n + \cdots\} = 0.$$

すなわち

$$2 \cdot 1 c_2 + (3 \cdot 2 c_3 - c_0) x + (4 \cdot 3 c_4 - c_1) x^2 + \cdots$$
$$+ ((n+2)(n+1) c_{n+2} - c_{n-1}) x^n + \cdots = 0.$$

よって
$$2 \cdot 1 c_2 = 0, \quad 3 \cdot 2 c_3 - c_0 = 0, \quad 4 \cdot 3 c_4 - c_1 = 0, \quad \cdots,$$
$$(n+2)(n+1)c_{n+2} - c_{n-1} = 0$$

を解くと,
$$c_2 = 0, \quad c_3 = \frac{c_0}{3 \cdot 2}, \quad c_4 = \frac{c_1}{4 \cdot 3}, \quad c_5 = \frac{c_2}{5 \cdot 4}, \quad \cdots,$$
$$c_{n+2} = \frac{c_{n-1}}{(n+2)(n+1)}$$

となる．これより c_n は
$$c_{3k} = \frac{c_0}{2 \cdot 3 \cdot 5 \cdot 6 \cdots (3k-1) \cdot 3k}, \quad c_{3k+1} = \frac{c_1}{3 \cdot 4 \cdot 6 \cdot 7 \cdots 3k \cdot (3k+1)},$$
$$c_{3k+2} = 0 \quad (k = 1, 2, 3, \cdots)$$

となる．ところで条件より
$$c_0 = y(0) = a, \quad c_1 = y'(0) = b$$

である．ゆえに
$$y = a\left\{1 + \frac{x^3}{2 \cdot 3} + \frac{x^6}{2 \cdot 3 \cdot 5 \cdot 6} + \cdots + \frac{x^{3k}}{2 \cdot 3 \cdot 5 \cdot 6 \cdots (3k-1) \cdot 3k} + \cdots\right\}$$
$$+ b\left\{x + \frac{x^4}{3 \cdot 4} + \frac{x^7}{3 \cdot 4 \cdot 6 \cdot 7} + \cdots + \frac{x^{3k+1}}{3 \cdot 4 \cdot 6 \cdot 7 \cdots 3k \cdot (3k+1)} + \cdots\right\}$$

となる． ∎

注意 ダランベールの公式を用いれば，この級数の収束半径は ∞ となる．したがって上の級数解は $-\infty < x < \infty$ で存在する．

Question べろをだらん公式？ 舌噛みそうー, そんなもの聞いたことありませーん！ おまけに, 収束半径は ∞？ な, なんですか, それ？

T. 微積分学の級数を取り扱ったあたりで習ったひともあるでしょうし, 未修のひとも多いかと思います．でもここでは説明を控えましょう (3 章のごく一部分でふれています)．以下 (pp.75～82) で行われる計算で収束半径を求めることは大変重要なことなのですが, 形式的に簡単に求められる場合の公式もあることはあります．しかし, 一般にはそれを求めることはそんなに簡単ではありません．予備知識を要します．気になるひとはこれを機会にぜひ勉強されるようお勧めします．

▶**演習 23** つぎの微分方程式をべき級数法を用いて解け．
(1)* $y'' - 5y' + 6y = 0.$

$(2)^*$ $y'' - 4y = 0$.
$(3)^*$ $y'' - y' = 0$.
$(4)^*$ $y'' + y = 0$.
$(5)^*$ $y'' + xy' + y = 0$.

要項
$$y' = f(x, y), \quad y(x_0) = y_0 \qquad (2.38)$$

の解を求めるのに，**テーラー級数**を利用する方法がある（値 x_0 の意味は前と同様である）：

$$y = \sum_{n=0}^{\infty} \frac{y^{(n)}(x_0)}{n!}(x - x_0)^n$$

とおいて，$y^{(n)}(x_0)$ $(n = 0, 1, 2, 3, \cdots)$ を求める方法である．

(i) まず，

$$y^{(0)}(x_0) = y(x_0) = y_0, \quad y'(x_0) = f(x_0, y_0)$$

によって $y^{(0)}(x_0)$, $y'(x_0)$ を決める．

(ii) つぎに，(2.38) 式の両辺を (x で) つぎつぎに微分していくと

$y'' = f_x(x, y) + f_y(x, y)y'$,
$y''' = f_{xx}(x, y) + f_{xy}(x, y)y' + (f_{xy}(x, y) + f_{yy}(x, y)y')y' + f_y(x, y)y''$,
....

となる．

(iii) こうして得られた式に $x = x_0$ とおくと，$y^{(2)}(x_0), y^{(3)}(x_0), \cdots,$ $y^{(n)}(x_0)$ が求められる．

重要 この方法も，どんな場合にでも使える，というわけではない．先程と同じ制限があることを忘れないように．

Question

$y'' = f_x(x, y) + f_y(x, y)y'$,
$y''' = f_{xx}(x, y) + f_{xy}(x, y)y' + (f_{xy}(x, y) + f_{yy}(x, y)y')y' + f_y(x, y)y''$

が，もうひとつよくわかりません．いったいなんのことですか？

T. 合成関数の微分です．お忘れのようですが，ずっと前にも同じような質問をしましたよ．どうやら合成関数の微分が苦手のようですね．こんどの場合は y が x の関数です．前と違って文字 z はありません．さて，念のために上の計算過程を書いておきます．変数記号としての y と関数記号の y が同じために起きる混乱をさけるために，ここでは関数記号としての y を $y = a(x)$ とかいて計算してみましょう．

$$\frac{d}{dx}f(x,a(x)) = f_x(x,a(x)) + f_y(x,a(x))a'(x)$$

です．ただし，x, y を独立変数と考えて関数 $f(x,y)$ を x で偏微分したのちに，1番目の変数 x には x を，2番目の変数 y には $a(x)$ を代入した結果を，$f_x(x,a(x))$ で表します．そして x, y を独立変数と考えて $f(x,y)$ を y で偏微分したのちに，1番目の変数 x には x を，2番目の変数 y には $a(x)$ を代入した結果を，$f_y(x,a(x))$ で表します．すると

$$\begin{aligned}\frac{d^2}{dx^2}f(x,a(x)) &= \frac{d}{dx}\Big(\frac{d}{dx}f(x,a(x))\Big) \\ &= \frac{d}{dx}\Big(f_x(x,a(x)) + f_y(x,a(x))a'(x)\Big) \\ &= \frac{d}{dx}f_x(x,a(x)) + \frac{d}{dx}\Big(f_y(x,a(x))a'(x)\Big) \\ &= f_{xx}(x,a(x)) + f_{xy}(x,a(x))a'(x) \\ &\quad + \frac{d}{dx}f_y(x,a(x)) \cdot a'(x) + f_y(x,a(x)) \cdot (a'(x))' \\ &= f_{xx}(x,a(x)) + f_{xy}(x,a(x))a'(x) \\ &\quad + \Big(f_{yx}(x,a(x)) + f_{yy}(x,a(x))a'(x)\Big)a'(x) \\ &\quad + f_y(x,a(x))a''(x) \\ &= f_{xx}(x,a(x)) + 2f_{xy}(x,a(x))a'(x) + f_{yy}(x,a(x))(a'(x))^2 \\ &\quad + f_y(x,a(x))a''(x)\end{aligned}$$

となります．ただし先程と同じように，たとえば $f_{xx}(x,a(x))$ は，x, y を独立変数と考えて関数 $f(x,y)$ を x で2回続けて偏微分したのちに，1番目の変数 x には x を，2番目の変数 y には $a(x)$ を代入した結果を，$f_{xx}(x,a(x))$ と表し，他のものも同様な意味としています．これは計算でしばしば使われる数学上の約束ごと（定義）なのです．

さてこうして得られた式において $a(x)$ をもとの y に置き換えれば，あなたの先程わからないといわれた式になります．複雑にみえますが記号の混乱さえ起こさなければ難しい計算ではありません．慣れの問題だと思いますよ．

例題 24 ［べき級数法 2］

微分方程式
$$y' = x + y, \quad y(0) = 1$$
をみたす解をみつけよ．

[解]
$$y = \sum_{n=0}^{\infty} \frac{y^{(n)}(0)}{n!} x^n$$
とおく．
$$y' = x + y$$
を微分していくと
$$y'' = 1 + y',$$
$$y''' = y'',$$
$$\cdots\cdots$$
$$y^{(n+1)} = y^{(n)}.$$
そこで $x = 0$ とおくと
$$y''(0) = 1 + y'(0) = 2,$$
$$y'''(0) = y''(0) = 2,$$
$$\cdots\cdots$$
$$y^{(n+1)}(0) = y^{(n)}(0) = 2$$
となる．したがって
$$y = 1 + x + \frac{2}{2!}x^2 + \frac{2}{3!}x^3 + \cdots + \frac{2}{n!}x^n + \cdots$$
$$= 1 + x + 2\Big(\frac{1}{2!}x^2 + \frac{1}{3!}x^3 + \cdots + \frac{1}{n!}x^n + \cdots\Big)$$
$$= 1 + x + 2(e^x - 1 - x)$$
$$= 2e^x - 1 - x.$$

▶ **演習 24** つぎの微分方程式の解を，べき級数法を用いて求めよ．
(1) $y' = y + x^2,\ y(0) = -2$．
(2) $y' = 2y + x - 1,\ y(1) = 1$．
(3) $y'' + xy = 0,\ y(0) = 1,\ y'(0) = 0$．

(4) $\dfrac{d^2x}{dt^2} + x\cos t = 0,\ x(0)=1,\ \dfrac{dx}{dt}(0)=0.$

(5)* $y' = y^2 + x^3,\ y(0) = \dfrac{1}{2}.$

(6)* $y' = x^2 - y^2,\ y(0) = 0.$

(7)* $(1-x)y' = 1 + x - y,\ y(0) = 0.$

要項 関数 $a(x)$, $b(x)$ が整式 (**もっと一般に $x=0$ で解析的**) のとき，微分方程式

$$y'' + \frac{a(x)}{x}y' + \frac{b(x)}{x^2}y = 0 \tag{2.39}$$

(あるいは $x^2 y'' + x a(x) y' + b(x) y = 0$)

は

$$y = x^\lambda \sum_{n=0}^{\infty} c_n x^n \quad (c_0 \neq 0) \tag{2.40}$$

の形の解を (少なくとも) 1つもつ.

(2.39) の解を求めるには解の基本系がわかればよい．そこでその解の基本系を求める．

Question 解の基本系？　どこかでみたような気はするんですが $\cdots$．おまけに "$x=0$ で解析的"! いったいなんのことですか，それは？

T. こんなだいじなこと忘れちゃこまりますよー．解の基本系は前にしつこいほど聞かされたはずですがね．これからそれを使おうとするんですよ．まあなかなか新しいことは何度も繰り返し使わないと忘れるものですが．さて，解析的という用語はたしかに説明していなかったと思います．これは重要な概念ですが，説明はまたの機会にします，ごめんなさいね．

解の基本系の求め方

(I) (2.40) の形の解をもつから

$$y = \sum_{n=0}^{\infty} c_n x^{n+\lambda},\quad y' = \sum_{n=0}^{\infty} (n+\lambda) c_n x^{n+\lambda-1},$$

$$y'' = \sum_{n=0}^{\infty} (n+\lambda)(n+\lambda-1)c_n x^{n+\lambda-2}$$

を方程式 (2.39) に代入する．すると

① c_n ($c_0 \neq 0$ に注意) と λ に関する方程式 (**漸化式**という)

および，

② λ に関する 2 次方程式 (**決定方程式**という)

$$\lambda^2 + (a(0)-1)\lambda + b(0) = 0$$

が得られる．

(II) まず②の決定方程式を解く．

(III) つぎにその λ の値を①の漸化式に代入・計算すれば，最終的には解の基本系 y_1, y_2 が得られる．一般につぎの 3 つの場合 (i)〜(iii) にしたがって解の基本系を求める：

(i) **決定方程式が相異なる 2 つの解をもち，しかもその 2 つの解の差が整数でないとき**：その 2 つの解を λ_1, λ_2 とする．

$\lambda = \lambda_1$ を漸化式に代入して $\underline{c_0 = 1\text{ の条件のもとで}}$ c_n を求める．その結果得られた値を (2.40) 式に代入したものを y_1 とする．

$\lambda = \lambda_2$ を漸化式に代入して $\underline{c_0 = 1\text{ の条件のもとで}}$ c_n を求める．その結果得られた値を (2.40) 式に代入したものを y_2 とする．

(ii) **決定方程式が相異なる 2 つの解をもち，しかもその 2 つの解の差が整数のとき**：2 つの解のうちどちらでもよいから 1 つ選ぶ．

それを λ_0 としたとき，$\lambda = \lambda_0$ を漸化式に代入して $\underline{c_0 = 1\text{ の条件}}$ $\underline{\text{のもとで}}$ c_n を求める．その結果得られた値を (2.40) 式に代入したものを y_1 とする．

つぎに $y_2 = uy_1$ とおいてもとの微分方程式 (2.39) に代入すると，u に関する微分方程式

$$u'' + \left(\frac{a(x)}{x} + 2\frac{y_1'}{y_1}\right)u' = 0$$

が得られる．これを解くと

$$u = \int \frac{\exp\left(-\int \frac{a(x)}{x}\,dx\right)}{y_1^2}\,dx \qquad (*)$$

となる．積分定数は 0 として u を求める．

(iii) **決定方程式が重解をもつとき**：それを λ_0 としたとき，$\lambda = \lambda_0$ を漸化式に代入して $c_0 = 1$ の条件のもとで c_n を求める．その結果得られた値を (2.40) 式に代入したものを y_1 とする．

つぎに $y_2 = u y_1$ とおいてもとの微分方程式 (2.39) に代入すると，u に関する微分方程式

$$u'' + \left(\frac{a(x)}{x} + 2\frac{y_1'}{y_1}\right) u' = 0$$

が得られる．これを解くと

$$u = \int \frac{\exp\left(-\int \frac{a(x)}{x}\, dx\right)}{y_1^2}\, dx$$

となる．積分定数は 0 として u を求める．

T. (∗) が成り立つことを証明しなさい．ヒントは

$$\frac{u''}{u'} + \frac{a(x)}{x} + 2\frac{y_1'}{y_1} = 0, \quad \frac{u''}{u'} = (\log |u'|)'$$

です．両辺を積分すれば答えができますよ．

注意 上記 (ii) と (iii) では，y_2 を求めるのに，別の方法もある．

例題 25 [べき級数法 3]

微分方程式

$$y'' + \frac{1}{x} y' + \frac{1}{2x} y = 0$$

を解け．

[**解**] 与式に x^2 をかけた式

$$x^2 y'' + xy' + \frac{1}{2} xy = 0$$

に

$$y = \sum_{n=0}^{\infty} c_n x^{n+\lambda}, \quad y' = \sum_{n=0}^{\infty} (n+\lambda) c_n x^{n+\lambda-1},$$

$$y'' = \sum_{n=0}^{\infty} (n+\lambda)(n+\lambda-1) c_n x^{n+\lambda-2}$$

を代入, 整理すると

$$\sum_{n=0}^{\infty}(n+\lambda)(n+\lambda-1)c_n x^{n+\lambda} + \sum_{n=0}^{\infty}(n+\lambda)c_n x^{n+\lambda} + \frac{1}{2}\sum_{n=0}^{\infty}c_n x^{n+\lambda+1} = 0.$$

$$\therefore \left[\sum_{n=0}^{\infty}\{(n+\lambda)(n+\lambda-1)+(n+\lambda)\}c_n x^n + \frac{1}{2}\sum_{n=0}^{\infty}c_n x^{n+1}\right]x^\lambda = 0.$$

$$\therefore \sum_{n=1}^{\infty}\left\{((n+\lambda)(n+\lambda-1)+(n+\lambda))c_n + \frac{1}{2}c_{n-1}\right\}x^n + \{\lambda(\lambda-1)+\lambda\}c_0 = 0.$$

すなわち

$$\sum_{n=1}^{\infty}\left\{(n+\lambda)^2 c_n + \frac{1}{2}c_{n-1}\right\}x^n + \lambda^2 c_0 = 0.$$

そこで

$$(n+\lambda)^2 c_n + \frac{1}{2}c_{n-1} = 0 \qquad (n=1,2,\cdots), \tag{i}$$

$$\lambda^2 c_0 = 0 \tag{ii}$$

を解く. まず, (ii) より $\lambda=0$ ($c_0 \neq 0$ に注意). このとき (i) から

$$n^2 c_n + \frac{1}{2}c_{n-1} = 0. \qquad \therefore \quad c_n = -\frac{1}{2n^2}c_{n-1}.$$

$c_0 = 1$ とおくと, これより

$$c_n = \frac{(-1)^n}{2^n n!^2} \qquad (n=1,2,\cdots).$$

したがって

$$y_1 = x^0 \cdot \sum_{n=0}^{\infty} c_n x^n = \sum_{n=0}^{\infty} \frac{(-x)^n}{2^n n!^2}.$$

つぎに, $y_2 = u y_1$ とおいて与式に代入すると

$$u\left(y_1'' + \frac{1}{x}y_1' + \frac{1}{2x}y_1\right) + y_1\left\{u'' + \left(\frac{2y_1'}{y_1} + \frac{1}{x}\right)u'\right\} = 0.$$

$$\therefore \quad u'' + \left(\frac{2y_1'}{y_1} + \frac{1}{x}\right)u' = 0.$$

したがって

$$u = \int \frac{e^{-\int \frac{1}{x}dx}}{y_1^2} dx = \int \frac{1}{xy_1^2} dx$$

$$= \int \frac{1}{x\left(1 - \frac{1}{2\cdot 1!}x + \frac{1}{2^2 2!^2}x^2 - \cdots\right)^2} dx$$

$$= \int \frac{1 - 2\left(-\frac{1}{2 \cdot 1!^2}x + \frac{1}{2^2 2!^2}x^2 - \cdots\right) + 3\left(-\frac{1}{2 \cdot 1!^2}x + \frac{1}{2^2 2!^2}x^2 - \cdots\right)^2 + \cdots}{x}\,dx$$

$$= \int \frac{1 + x + \left(\frac{3}{2^2} - \frac{1}{2 \cdot 2!^2}\right)x^2 + \cdots}{x}\,dx$$

$$= \log x + x + \frac{1}{2}\left(\frac{3}{2^2} - \frac{1}{2^3}\right)x^2 + \cdots.$$

よって

$$y_2 = \left\{\log x + x + \frac{1}{2}\left(\frac{3}{2^2} - \frac{1}{2^3}\right)x^2 + \cdots\right\} \sum_{n=0}^{\infty} \frac{(-x)^n}{2^n n!^2}.$$

ゆえに

$$y = \left[\,C_1 + C_2\left\{\log x + x + \frac{1}{2}\left(\frac{3}{2^2} - \frac{1}{2^3}\right)x^2 + \cdots\right\}\,\right] \sum_{n=0}^{\infty} \frac{(-x)^n}{2^n n!^2}. \quad\blacksquare$$

Question 積分計算，無限級数の積分計算のあたりが，なんかぼやーっとして，夢の中という感じです．もうチョット説明してもらえませんか？

T. そうかもしれませんね．テーラー級数展開に関する定理と項別積分可能定理とよばれる定理を知っていることが前提ですから．いまの例題では，どんな数 α に対しても

$$(1+x)^\alpha = 1 + \alpha x + \frac{\alpha(\alpha-1)}{2!}x^2 + \frac{\alpha(\alpha-1)(\alpha-2)}{3!}x^3 + \cdots \quad (-1 < x < 1)$$

が成り立つという二項展開公式を適用しました．$\alpha = -2$ とおいてです．もっとも $\alpha = -1$ だけだったら，$-1 < x < 1$ のとき

$$\sum_{n=0}^{\infty}(-x)^n \text{ は公比 } -x \text{ の無限等比級数の和なので} \sum_{n=0}^{\infty}(-x)^n = \frac{1}{1+x}$$

は高校で習いましたね．

つぎに項別積分可能定理のことですが，これは

$$\int_0^x (c_0 + c_1 x + c_2 x^2 + \cdots)\,dx = \int_0^x c_0\,dx + \int_0^x c_1 x\,dx + \int_0^x c_2 x^2\,dx + \cdots$$

のように計算してもよろしい，という定理のことです．ただし，ただしですよ，この計算が許されるのは，ある範囲の x に対してだけなのです．おそらくこの定理を知らなくても上のような計算をするとおもいますがねー．それで結構正しい答えがでてきますから，x に制限があるなどとは夢にもおもわないでしょう．これを使うときはくれぐれも御注意を．といっても x の範囲がわからなかったら無意味な発言ですよね．では，その範囲はどうやってわかるのか，ですが，じつはこれが前にいった収束半径の計算になるのです．そんなに大事ならなぜ収束半

径のことを説明しなかったのだー，と怒られそうです．ごめんなさい．説明したいのですが予備知識を必要とします．ぜひとも知りたいひとは 3 章か他の数学書 (微積分の本) で勉強してください．

▶**演習 25** つぎの微分方程式の解を求めよ．

(1) $y'' + \dfrac{1}{x}y + \dfrac{4x^2-1}{4x^2}y = 0$.

(2) $y'' + \dfrac{1}{2x}y' + \dfrac{1}{4x}y = 0$.

(3)* $x^2 y'' - xy' + (x+1)y = 0$.

(4)* $y'' + \dfrac{2}{x}y' + y = 0$.

(5)* オイラー型方程式 $x^2 y'' - xy' - 3y = 0$ の解は前に記した方法で求められるが，それをべき級数法で求めてみよ．

(6)* $y'' = \dfrac{2}{x^2}y$ もオイラー型であるから前に記した方法で求められるが，それをべき級数法で求めてみよ．

2.6 逐次近似法

本節では微分方程式の解の**近似値を求める**一つの方法 (**ルンゲ・クッタ法**) を解説する．微分方程式の解を厳密に計算して求めることは，理論上可能であっても，実際上不可能なことがきわめて多いのである．

微分方程式の解の近似値の計算にあたり，直接関係する積分の近似値計算法をまず知っておこう．

要項(台形公式) 定積分

$$\int_a^b f(x)\,dx$$

の近似値は

$$\int_a^b f(x)\,dx \approx h\left(\frac{y_0 + y_n}{2} + y_1 + y_2 + \cdots + y_{n-1}\right) \quad (2.41)$$

によって計算される．

ただし $y_0, y_1, y_2, \cdots, y_{n-1}, y_n$ は，$h = \dfrac{b-a}{n}$ とおくとき，

$$y_0 = f(a), \quad y_1 = f(x_0 + h), \quad y_2 = f(x_0 + 2h), \quad \cdots,$$
$$y_{n-1} = f(x_0 + (n-1)h), \quad y_n = f(x_0 + nh)$$

である.

注意 記号 $\approx$ は近似的に等しい,の意味である.

要項 台形公式における n の決め方.一般には,つぎのようにする.

誤差 (すなわち,$\int_a^b f(x)\,dx - $ (2.41) 式の右辺) の範囲は

$$|\text{誤差}| \leqq \frac{h^2}{12}(b-a)M_2 \qquad \left(M_2 = \max_{a \leqq x \leqq b} |f''(x)|\right) \tag{2.42}$$

である.

したがって $|\text{誤差}|$ の値が,前もって与えられた値 ε 以下になるようにするために,

$$h^2 \leqq \frac{12\varepsilon}{(b-a)M_2} \tag{2.43}$$

となるように区間の幅 h を決めなければならない.

そのような h のうちで,$n = \dfrac{b-a}{h}$ が整数となるようなものを選ぶ.

要項(シンプソンの公式) 定積分

$$\int_a^b f(x)\,dx$$

の近似値は

$$\int_a^b f(x)\,dx \approx \frac{h}{3}\Big\{(y_0 + y_{2n}) + 4(y_1 + y_3 + \cdots + y_{2n-1}) \\ + 2(y_2 + y_4 + \cdots + y_{2n-2})\Big\} \tag{2.44}$$

によっても計算される.ここで

$$h = \frac{b-a}{2n}, \quad y_k = f(x_0 + kh) \quad (k = 0, 1, 2, \cdots, 2n).$$

要項 シンプソンの公式における n の決め方．一般には，つぎのようにする．

誤差の範囲は

$$|\text{誤差}| \leq \frac{h^4}{180}(b-a)M_4 \quad \left(M_4 = \max_{a \leq x \leq b}|f^{(4)}(x)|\right) \quad (2.45)$$

である．

したがって $|\text{誤差}|$ の値が，前もって与えられた値 ε 以下になるようにするために，

$$h^4 \leq \frac{180\varepsilon}{(b-a)M_4} \quad (2.46)$$

となるように区間の幅 h を決めなければならない．

そのような h のうちで，$n = \dfrac{b-a}{2h}$ が整数となるようなものを選ぶ．

Question M_2, M_4 がわかりません．なんのことですか？
T. あっ，申し訳ない．数学でよく使う書き方なのでつい説明しませんでした．

$$\max_{a \leq x \leq b}|f''(x)|$$

は関数 $|f''(x)|$ の区間 $[a,b]$ における最大値を表します．M_4 も同じ意味です．一般に，関数 $F(x)$ の x 軸上のある範囲（集合）S での最大値，最小値をそれぞれ

$$\max_S F(x), \quad \min_S F(x)$$

と書く習慣です．

例題 26 ［近似計算］

数直線（x 軸）上の質点が，その数直線上の各点に働いている力 $F(x)$ によって，点 $x = 0$ の位置から点 $x = 4$ の位置まで動いたとする．その力による全仕事量の近似値を，台形公式とシンプソンの公式を用いて，計算せよ．ただし力 $F(x)$ の値は，つぎの表で与えられている．

x	0.0	0.5	1.0	1.5	2.0	2.5	3.0	3.5	4.0
$F(x)$	1.50	0.75	0.50	0.75	1.50	2.75	4.50	6.75	10.00

[解] 台形公式 (2.41) によると，全仕事量は

$$\int_0^4 F(x)\,dx \approx h\Big(\frac{y_0+y_8}{2} + y_1 + y_2 + y_3 + y_4 + y_5 + y_6 + y_7\Big)$$
$$= 0.5\Big(\frac{1.50+10.00}{2} + 0.75 + 0.50 + 0.75 + 1.50 + 2.75 + 4.50 + 6.75\Big)$$
$$= 11.625.$$

つぎにシンプソンの公式 (2.44) によると，全仕事量は

$$\int_0^4 F(x)\,dx \approx \frac{h}{3}\Big\{(y_0+y_8) + 4(y_1+y_3+y_5+y_7) + 2(y_2+y_4+y_6)\Big\}$$
$$= \frac{0.5}{3}\Big\{(1.50+10.00) + 4(0.75+0.75+2.75+6.75) + 2(0.50+1.50+4.50)\Big\}$$
$$= 11.417.$$

▶ **演習 26**

$$\int_0^1 (3x^2 - 4x)\,dx$$

の近似値を，$n=10$ として，台形公式を用いて計算せよ．またこの定積分の正確な値を求めて，誤差の絶対値を求めよ．最後に，誤差の絶対値の評価式である，要項 (2.45) 式の右辺の値を求めてみよ．

Memo 既述したことであるが，**ピカールの方法（逐次近似法）**といわれる計算法は以下の式で与えられる．

微分方程式

$$y' = f(x,y), \quad y(x_0) = y_0$$

の解は，

$$y_0(x) = y_0, \quad y_n(x) = y_0 + \int_{x_0}^{x} f(t, y_{n-1}(t))\,dt \quad (n=1,2,\cdots)$$

とすれば

$$y = \lim_{n\to\infty} y_n(x)$$

である．したがって，十分大きく n をとれば

$$y(x) \approx y_n(x).$$

ただしこの方法は，関数 $f(x,y)$ は**ある条件** (3章参照) をみたす，という前提のもとでのみ使うことができる．

> **要項(ルンゲ・クッタ法)** 区間 $[x_0, X]$ で微分方程式
> $$y' = f(x,y), \quad y(x_0) = y_0$$
> をみたす解 $y = y(x)$ の $x = X$ における値 $y(X)$ の近似値を，小数点以下 n 位まで求めたいとしよう．詳しい考察によると**ルンゲ・クッタ法**の精度は h^4 のオーダーまで正確である．
>
> **注意** 適切な定数 C をとると，$|$真の値 $-$ 近似値$| \leqq Ch^5$ という意味．
>
> そこでつぎの順で計算を実行する：
> ① まず
> $$\left(\frac{X - x_0}{n}\right)^4 < 10^{-n} = 0.\overbrace{00\cdots01}^{n}$$
> となるように整数 n を選び，$h = \dfrac{X - x_0}{n}$ とおく．
>
> ② 区間 $[x_0, X]$ を区間の幅が h の小区間に n 分割する．各分割点を $x_k = x_0 + kh \ (k = 0, 1, 2, \cdots, n)$ とおく．
>
> ③ 与えられた値 y_0 に対して，値 $y_k \ (k = 1, 2, \cdots, n)$ を，<u>以下の式で順々に計算していけば</u>，真の値 $y(x_1), y(x_2), \cdots, y(x_n) = y(X)$ の近似値は，それぞれ，$y_1, y_2, \cdots, y_n$ となる：
> $$\begin{cases} y_1 = y_0 + \dfrac{f_{0,1} + 2f_{0,2} + 2f_{0,3} + f_{0,4}}{6} \\ f_{0,1} = f(x_0, y_0)h \\ f_{0,2} = f\left(x_0 + \dfrac{h}{2}, y_0 + \dfrac{f_{0,1}}{2}\right)h \\ f_{0,3} = f\left(x_0 + \dfrac{h}{2}, y_0 + \dfrac{f_{0,2}}{2}\right)h \\ f_{0,4} = f(x_0 + h, y_0 + f_{0,3})h \end{cases}$$

$$\begin{cases} y_2 = y_1 + \dfrac{f_{1,1} + 2f_{1,2} + 2f_{1,3} + f_{1,4}}{6} \\ f_{1,1} = f(x_1, y_1)h \\ f_{1,2} = f\left(x_1 + \dfrac{h}{2}, y_1 + \dfrac{f_{1,1}}{2}\right)h \\ f_{1,3} = f\left(x_1 + \dfrac{h}{2}, y_1 + \dfrac{f_{1,2}}{2}\right)h \\ f_{1,4} = f(x_1 + h, y_1 + f_{1,3})h \end{cases}$$

....

$$\begin{cases} y_n = y_{n-1} + \dfrac{f_{n-1,1} + 2f_{n-1,2} + 2f_{n-1,3} + f_{n-1,4}}{6} \\ f_{n-1,1} = f(x_{n-1}, y_{n-1})h \\ f_{n-1,2} = f\left(x_{n-1} + \dfrac{h}{2}, y_{n-1} + \dfrac{f_{n-1,1}}{2}\right)h \\ f_{n-1,3} = f\left(x_{n-1} + \dfrac{h}{2}, y_{n-1} + \dfrac{f_{n-1,2}}{2}\right)h \\ f_{n-1,4} = f(x_{n-1} + h, y_{n-1} + f_{n-1,3})h. \end{cases}$$

例題 27 [ルンゲ・クッタ法]

微分方程式

$$y' = y - x, \quad y(0) = 1.5$$

の解の値 $y(1.5)$ の近似値を，ルンゲ・クッタ法によって少数点以下 3 位まで計算せよ．

[解] $f(x,y) = y - x, \quad x_0 = 0, \quad y_0 = 1.5, \quad X = 1.5$
$h^4 < 10^{-3}$ をみたす h として $h = 0.25$ とおく．このとき $n = 6$. ここで

$$\Delta_k = \dfrac{f_{k,1} + 2f_{k,2} + 2f_{k,3} + f_{k,4}}{6}$$

とおく．

k	0	1	2	3	4	5
x_k	0	0.25	0.50	0.75	1.00	1.25
$f_{k,1}$	0.375	0.4105021	0.4560874	0.5146085	0.5897617	0.6862598
$f_{k,2}$	0.3906250	0.4305648	0.4818483	0.5476845	0.6322320	0.7407923
$f_{k,3}$	0.3925781	0.4330727	0.4850684	0.5518190	0.6375408	0.7476089
$f_{k,4}$	0.4106445	0.4562702	0.5148545	0.5900632	0.6866469	0.8106621
Δ_k	0.3920084	0.4323412	0.4844084	0.5506131	0.6359924	0.7455620
y_k	1.5	1.8920084	2.3243349	2.8084340	3.3590471	3.9950395
y_{k+1}	1.8920084	2.3243349	2.8084340	3.3590471	3.9950395	4.7406603

これより,
$$y(1.5) = 4.740.$$

比較 正確な解は $y = 0.5e^x + x + 1$ だから, 真の値 $y(x_k)$ ($k = 1, 2, \cdots, 6$) は

$$y(0.25) = 1.8920127\cdots, \quad y(0.50) = 2.3243606\cdots,$$
$$y(0.75) = 2.8085000\cdots, \quad y(1.00) = 3.3591409\cdots,$$
$$y(1.25) = 3.9951714\cdots, \quad y(1.5) = 4.7408445\cdots.$$

補足 分割の個数を偶数 $2N$, 分割の幅を $h' = \dfrac{X - x_0}{2N}$ にとって近似値 y_{2N} を計算する. そして, 分割の個数をその半分 N, 分割の幅を 2 倍の $2h' = \dfrac{X - x_0}{N}$ にしたときの近似値 $\tilde{y}_N$ を計算する. すると, 分割の幅が h' のときの近似値の |誤差| は, おおよそ

$$\frac{|y_{2N} - \tilde{y}_N|}{15}$$

に等しい.

▶**演習 27** ルンゲ・クッタ法を用いて, 以下の微分方程式の解の (区間の幅 h を 0.2 にとったときの) 近似値 y_5 を少数点以下 2 位まで計算せよ.

(1)* $y' = y - x$, $y(0) = 1.5$ ($0 \leqq x \leqq 1$).

(2)* $y' = \dfrac{y}{x} - y^2$, $y(1) = 1$ ($1 \leqq x \leqq 2$).

3章 定　理

　1章, 2章を通じて, 数学書ならば当然あるべき厳密さ・解法の理論的根拠を示すことなく, そのうえ数学の命である証明もすることなく "How to solve it" への説明にひたすら徹してきた. "Why? What's the reason?" の疑問に答えることは意識的に避けてきた.

　何ゆえに？… 解法の根拠となる数学理論を理解するには, その数学的背景・予備知識が必要となる. またそれらを十分活用できるだけの力量が要求される. その知識・力量の大小・深浅は本書を読むひとさまざまであろう. 消化不良・下痢をおこさせてはならない…. こう考えたからである.

　それでもぜひ知っておくべき数学上の定理がある. そのなかからいくつかの定理を選んで以下に記す.

　参考書も挙げるべきであろうが, 人によって向き・不向きがあることを考えて具体的な書物の名前・出版社名は控える. 次の書名が書かれている本 (洋書もある) のなかから, 読者の力量にあったものを選んで参考書とされたい：微分積分学, 解析学, 集合論, 線形代数学, 関数論 (複素解析), 微分方程式論, フーリエ解析, 数値解析学.

3.1　常微分方程式の解の存在とその一意性に関する基本定理

定理 A　関数 $f(x,y)$ は (x,y) 平面上の集合 (**閉領域**という)
$$D = \{(x,y) : |x-x_0| \leq \alpha,\ |y-y_0| \leq \beta\}$$
で定義された**連続関数**で, さらに D において y **に関してリプシッツ条件**をみたすと仮定する.

　　(i)　　$\overset{\text{ガンマ}}{\gamma} = \min\left(\alpha, \dfrac{\beta}{M}\right),\quad M \equiv \max_{(x,y)\in D} |f(x,y)|$

とおく. **このとき**,

$$\begin{cases} y' = f(x,y) & (x \in [x_0 - \gamma, x_0 + \gamma]) \\ y(x_0) = x_0 \end{cases}$$

をみたす C^1 級関数 $y = y(x)$ がある．

(ii) **初期条件** $y(x_0) = x_0$ **をみたす微分方程式** $y' = f(x,y)$ **の解はただ一つである．**

補足 関数 $f(x,y)$ が D において y **に関してリプシッツ条件**をみたすとは，つぎの意味である．

「定数 C を適切に選ぶと，D 内のすべての点 $(x, y_1), (x, y_2)$ に対して

$$\left| f(x, y_1) - f(x, y_2) \right| \leqq C|y_1 - y_2|$$

が成り立つ．」

関数 $f(x,y)$ が D において**連続**とはつぎの意味である．

「D 内のどの点 (x,y) に対しても，以下のことがいえる：

すべての正数 ε に対して定数 δ を適切に選ぶと

$$\left| \overset{クシー}{\xi} - x \right| + \left| \overset{エーター}{\eta} - y \right| < \delta \quad \text{ならば} \quad \left| f(\xi, \eta) - f(x, y) \right| < \varepsilon$$

が成り立つ．」

関数 $y(x)$ が C^1 級関数とはつぎの意味である．

「$y(x)$ は微分可能で，しかもその導関数 $y'(x)$ が連続関数である．」

定理 A の主張していること．

(a1) 微分方程式 $y' = f(x,y)$ の解の存在範囲は，区間 $[x_0 - \gamma, x_0 + \gamma]$ までは保証される．したがって，γ の値が大きければ解の存在範囲は広いが，γ の値が 0 に近ければ解の存在範囲は x_0 のごく近くということになる．このことを数学の専門用語で，解は**局所的に存在する**と表現する．

(a2) (x_0, y_0) は，$(x_0, y_0) \in D$ という制限を守るかぎり，自由に選ぶことができる．

(b) (i) でその存在を保証された解 $y(x)$ 以外に，同じ初期条件をみたす別の解 $\tilde{y}(x)$ があったとする．その解の存在範囲 I は (i) で保証された区間 $[x_0 - \gamma, x_0 + \gamma]$ と異なっていてもよい．(ii) のいっていることは，

"$I \cap [x_0 - \gamma, x_0 + \gamma]$ に属するすべての x に対しては $y(x) = \tilde{y}(x)$ が成り立つ"

ということである．このことを数学の専門用語で，**解の一意性**が成り立つという．わかりやすくいえば，どんな計算方法でもよいから

$$\begin{cases} y' = f(x, y) \\ y(x_0) = x_0 \end{cases}$$

をみたす解がみつかったら，**その**解以外には他に解はない，ということである．

定理 A の証明は，すでに述べたことであるが，**ピカールの方法**を用いて行われる．すなわち

$$y' = f(x, y), \quad y(x_0) = y_0$$

の解は

$$y_0(x) = y_0, \quad y_n(x) = y_0 + \int_{x_0}^x f(t, y_{n-1}(t))\, dt \quad (n = 1, 2, \cdots)$$

とすれば

$$\lim_{n \to \infty} y_n(x)$$

によって求められることを証明するのである．その証明の過程のなかで (a) の結果がどのようにして導かれるのかが明らかになる．詳細は，残念であるが，他の数学書を参照されたい．

3.2　1 階線形連立方程式の解の存在と一意性

定理 B　関数 $a_{ij}(x)$, $f_i(x)$ $(i = 1, 2, \cdots, m;\ j = 1, 2, \cdots, m)$ は区間 $I = (a, b)$ で連続，さらに

$$y_1^0, y_2^0, \cdots, y_m^0 \text{ は}\textbf{任意に前もって与えられた実数値}$$

と仮定する．区間 $I = (a, b)$ から**任意に** 1 つの値を選ぶ．それを x_0 とする．**このとき，**

(i) 連立方程式

$$\begin{cases} \dfrac{dy_1}{dx} = a_{11}(x)y_1 + a_{12}(x)y_2 + \cdots + a_{1m}(x)y_m + f_1(x) \\ \dfrac{dy_2}{dx} = a_{21}(x)y_1 + a_{22}(x)y_2 + \cdots + a_{2m}(x)y_m + f_2(x) \\ \quad\cdots\cdots\cdots\cdots\cdots\cdots\cdots\cdots\cdots\cdots\cdots\cdots\cdots\cdots\cdots\cdots \\ \dfrac{dy_m}{dx} = a_{m1}(x)y_1 + a_{m2}(x)y_2 + \cdots + a_{mm}(x)y_m + f_m(x), \end{cases}$$

$$\begin{cases} y_1(x_0) = y_1^0 \\ y_2(x_0) = y_2^0 \\ \quad\cdots \\ y_m(x_0) = y_m^0, \quad x \in (a,b) \end{cases}$$

をみたす解 $y_1 = y_1(x)$, $y_2 = y_2(x)$, $\cdots$, $y_m = y_m(x)$ **がただ一つ存在する**.

(ii) 連立方程式

$$\begin{cases} \dfrac{dy_1}{dx} = a_{11}(x)y_1 + a_{12}(x)y_2 + \cdots + a_{1m}(x)y_m + f_1(x) \\ \dfrac{dy_2}{dx} = a_{21}(x)y_1 + a_{22}(x)y_2 + \cdots + a_{2m}(x)y_m + f_2(x) \\ \quad\cdots\cdots\cdots\cdots\cdots\cdots\cdots\cdots\cdots\cdots\cdots\cdots\cdots\cdots\cdots\cdots \\ \dfrac{dy_m}{dx} = a_{m1}(x)y_1 + a_{m2}(x)y_2 + \cdots + a_{mm}(x)y_m + f_m(x) \end{cases}$$

をみたす任意の解 $y_1, y_2, \cdots, y_m$ **は，この連立方程式を区間** $I = (a,b)$ **のすべての点でみたすと考えてよい**.

定理 B の主張していること.

(i) **定理 A よりも弱い条件のもとで関数** $a_{ij}(x)$, $f_i(x)$ ($i = 1, 2, \cdots, m$; $j = 1, 2, \cdots, m$) **の定義されている区間** $I = (a, b)$ **において，初期条件** $y_1(x_0) = y_1^0$, $y_2(x_0) = y_2^0$, $\cdots$, $y_m(x_0) = y_m^0$ **をみたす解** $y_1 = y_1(x)$, $y_2 = y_2(x)$, $\cdots$, $y_m = y_m(x)$ **がただ一つ存在する**，ということである．また，**このときの初期値** $y_1^0, y_2^0, \cdots, y_m^0$ **の与え方に制限はなく自由に与えられる**ことにも注意．

(ii) 区間 (a,b) の部分区間 (a',b') で解が定義されていても，区間 (a,b) 全体で定義される解に拡張できる，ということである．

重要　定理 A, B (と，つぎに述べる定理 C) において，得られた解の**滑らかさ** (何回まで微分可能かということ) について：　仮定のなかで記されたすべての関数と同じ滑らかさをもつ．すなわち，仮定のなかで記されたすべての関数が無限回可微分ならば，得られた解も無限回可微分である．

3.3　n 階線形微分方程式の解の存在と一意性

定理 C　関数 $P_1(x), \cdots, P_n(x), f(x)$ は区間 $I=(a,b)$ で連続，さらに

$$c_0, c_1, \cdots, c_{n-1} \text{ は任意に前もって与えられた実数値}$$

と仮定する．区間 $I=(a,b)$ から**任意に** 1 つの値を選ぶ．それを x_0 とする．**このとき，**

(i) $\begin{cases} y^{(n)} + P_1(x)y^{(n-1)} + \cdots + P_{n-1}(x)y' + P_n(x)y = f(x) \\ y(x_0) = c_0 \\ y'(x_0) = c_1 \\ y''(x_0) = c_2 \\ \cdots\cdots\cdots\cdots \\ y^{(n-1)}(x_0) = c_{n-1}, \end{cases}$

$x \in (a,b)$

をみたす解 $y=y(x)$ **がただ一つ存在**する．

(ii) 　　$y^{(n)} + P_1(x)y^{(n-1)} + \cdots + P_{n-1}(x)y' + P_n(x)y = f(x)$

をみたす任意の解 y **は，この微分方程式を区間** $I=(a,b)$ **のすべての点でみたすと考えてよい．**

要項 n 階線形微分方程式

$$y^{(n)} + P_1(x)y^{(n-1)} + \cdots + P_{n-1}(x)y' + P_n(x)y = f(x)$$

は，つぎに記す置き換えで**連立** 1 階線形微分方程式になる：

$$y_1 = y, \quad y_2 = y', \quad y_3 = y'', \quad \cdots, \quad y_{n-1} = y^{(n-2)}, \quad y_n = y^{(n-1)}$$

とおけば

$$\begin{cases} \dfrac{dy_1}{dx} = 0y_1 + 1y_2 + \cdots + 0y_n \\ \dfrac{dy_2}{dx} = 0y_1 + 0y_2 + 1y_3 + \cdots + 0y_n \\ \cdots\cdots\cdots\cdots\cdots\cdots\cdots\cdots\cdots\cdots\cdots \\ \dfrac{dy_{n-1}}{dx} = 0y_1 + 0y_2 + \cdots + 0y_{n-1} + 1y_n \\ \dfrac{dy_n}{dx} = -P_n(x)y_1 - P_{n-1}(x)y_2 - \cdots - P_1(x)y_n + f(x). \end{cases}$$

解の基本系の存在について．

定理 C の一つの応用として，n 階線形微分方程式

$$y^{(n)} + P_1(x)y^{(n-1)} + \cdots + P_{n-1}(x)y' + P_n(x)y = 0 \tag{3.1}$$

の解の基本系が，その具体的な形まではわからないが，存在することを証明してみよう．

証明 定理 C によって，初期条件

$$y_1(0) = 1, \quad y_1'(0) = 0, \quad y_1''(0) = 0, \quad \cdots, \quad y_1^{(n-2)}(0) = 0, \quad y_1^{(n-1)}(0) = 0$$
$$y_2(0) = 0, \quad y_2'(0) = 1, \quad y_2''(0) = 0, \quad \cdots, \quad y_2^{(n-2)}(0) = 0, \quad y_2^{(n-1)}(0) = 0$$
$$\cdots\cdots\cdots\cdots\cdots\cdots\cdots\cdots\cdots\cdots\cdots\cdots\cdots\cdots\cdots\cdots\cdots$$
$$y_n(0) = 0, \quad y_n'(0) = 0, \quad y_n''(0) = 0, \quad \cdots, \quad y_n^{(n-2)}(0) = 0, \quad y_n^{(n-1)}(0) = 1$$

をみたす微分方程式 (3.1) の解 $y_1 = y_1(x), \cdots, y_n = y_n(x)$ が 区間 I で存在する．さて $y_1, \cdots, y_n$ のロンスキー行列式 (前に説明しています．忘れたひとは，その持つ性質も含めてさがしてください) を $W(x)$ とすれば，**初期条件の選び方によって** $W(0) = 1 \neq 0$ となる．よって区間 I のすべての x に対して $W(x) \neq 0$ となる．

ゆえに，定理 C より得られる解 $y_1(x), \cdots, y_n(x)$ は解の基本系である． ∎

自励系あるいは相平面における解軌道に関して.

これは応用上・工学上も重要な分野で, **解の安定性・漸近挙動**といわれる問題に展開される. コンピュータを駆使して計算されるが, その基礎にある数学理論については専門書, たとえば常微分方程式論という書名の数学書で学ばれたい.

3.4 べき級数に関する基本定理

定理 D べき級数 (整級数)

$$\sum_{n=0}^{\infty} c_n x^n$$

において

$$R = \left(\varlimsup_{n \to \infty} \sqrt[n]{|c_n|} \right)^{-1}$$

とする. このとき,

(i) このべき級数は区間 $(-R, R)$ で**絶対収束**するが, $|x| > R$ をみたすどの x に対しても収束しない.

そして $x \in (-R, R)$ とするとき,

(ii) このべき級数は**何回でも微分可能な関数**で, その微分計算は,

$$\left(\sum_{n=0}^{\infty} c_n x^n \right)^{(k)} = \sum_{n=0}^{\infty} (c_n x^n)^{(k)}$$
$$= \sum_{n=0}^{\infty} c_n n(n-1)(n-2) \cdots (n-k+1) x^{n-k}$$
$$(k = 1, 2, \cdots)$$

と行ってよい. このことを**項別微分可能である**という.

(iii) このべき級数の積分計算は

$$\int_0^x \sum_{n=0}^{\infty} c_n x^n \, dx = \sum_{n=0}^{\infty} \int_0^x c_n x^n \, dx = \sum_{n=0}^{\infty} c_n \frac{x^{n+1}}{n+1}$$

と行ってよい. このことを**項別積分可能である**という.

注意 $\varlimsup\limits_{n \to \infty} \sqrt[n]{|c_n|} = \lim\limits_{n \to \infty} \sup\{ \sqrt[k]{|c_k|} : k = n, n+1, \cdots \}$ と定義する.

Question 上の sup ってなんですか？

T. 集合の上限を表す記号です．数学では基本的概念ですが，なじみがないひとが多いかもしれませんね．大抵の微積分の本にはのっていますが．

注意 上記の R は **収束半径**，区間 $(-R, R)$ は **収束域** とよばれる．ただし，$0 \leqq R \leqq \infty$ である．したがって R は必ずしも数ではない．R を求める計算は上に記した**上極限**を求めることになるので，一般には簡単ではないが，別の方法で簡単に計算されることもある．詳細は微積分または関数論の本を参照されたい．

3.5 べき級数解の存在を保証する基本定理

定理 E 関数 $f(x, y)$ は $(x, y) = (x_0, y_0)$ の近く（近傍）で

$$f(x, y) = \sum_{i=0}^{\infty} \sum_{j=0}^{\infty} a_{ij}(x - x_0)^i (y - y_0)^j$$

の形に表される関数と仮定する．このとき

(i) $$y \equiv y(x) = \sum_{n=0}^{\infty} c_n(x - x_0)^n$$

と表されるべき級数解が

$$\begin{cases} y' = f(x, y) \\ y(x_0) = y_0 \end{cases} \tag{3.2}$$

をみたすように定数 c_n $(n = 0, 1, 2, \cdots)$ を選ぶことができる．
そのときの

$$\varlimsup_{n \to \infty} \sqrt[n]{|c_n|}$$

は実数である．そこで

$$R = \left(\varlimsup_{n \to \infty} \sqrt[n]{|c_n|} \right)^{-1}$$

とおくと，**このべき級数解は区間** $(x_0 - R, x_0 + R)$ **で** (3.2) **式をみたす**．

(ii) (3.2) 式をみたすべき級数解はただ一つである．

注意 $\varlimsup_{n \to \infty} \sqrt[n]{|c_n|} = 0$ のときは $R = \infty$ と約束する．

定理 E (ii) の主張していること.

わかりやすくいえば，(i) で求められたべき級数解以外に他にべき級数解はない，ということである．

3.6　1変数関数のテーラー(マクローリン)展開に関する定理

テーラーの定理　関数 $f(x)$ は区間 (a,b) で m 回まで微分可能と仮定する．$x_0 \in (a,b)$ とする．

このとき，区間 (a,b) のすべての x に対して，適切に数 θ $(0 < \theta < 1)$ を選べば，

$$f(x) = \sum_{k=0}^{m-1} \frac{f^{(k)}(x_0)}{k!}(x-x_0)^k + \frac{f^{(m)}(x_0 + \theta(x-x_0))}{m!}(x-x_0)^m$$

と表すことができる．

マクローリンの定理　関数 $f(x)$ は区間 (a,b) で m 回まで微分可能と仮定する．$0 \in (a,b)$ とする．

このとき，区間 (a,b) のすべての x に対して，適切に数 θ $(0 < \theta < 1)$ を選べば，

$$f(x) = \sum_{k=0}^{m-1} \frac{f^{(k)}(0)}{k!}x^k + \frac{f^{(m)}(\theta x)}{m!}x^m$$

と表すことができる．

近似値計算法に関して.

テーラー (マクローリン) の定理 (だけではない) が基本的に近似値の計算の手法を保証する．実際にはきわめて有効な計算ソフトによってコンピュータによって計算されるから，近似値を計算する方法ではなく，その計算方法の導出根拠をむしろ示すべきであった．しかし本書ではそれはすべて割愛した．ゆえにあいまいなところが多かったと思われる．理由をきちんと知りたいひとは，数値解析または数値計算という書名の数学書をひもとかれたい．ただし幅広い微積分学の予備知識が必要である．

Part II 偏微分方程式

4章 偏微分方程式を立てて(つくって)みよう

T. これから偏微分方程式について学びます．
Question 先生，偏微分方程式ってなんですか？
T. 2つ以上の変数で表される関数の偏導関数に関する方程式のことです．複雑な表現式に思われるでしょうが，専門科目と関連する偏微分方程式のなかから具体例を以下いくつかあげてみましょう．

例1． 電場 D，磁束密度 B，電界 E，磁界 H，自由電流密度 ρ，自由電荷密度 J の間に成り立つ関係式：

$$\mathrm{div}\,\boldsymbol{D}=\rho,\quad \mathrm{div}\,\boldsymbol{B}=0,\quad \mathrm{rot}\,\boldsymbol{E}=-\frac{\partial \boldsymbol{B}}{\partial t},\quad \mathrm{rot}\,\boldsymbol{H}=\boldsymbol{J}+\frac{\partial \boldsymbol{D}}{\partial t}.$$

これが1章の初めにあげた**マクスウェル方程式**であり，3次元ベクトル(値関数)で表現されている．ここで，記号 div, rot の意味はつぎのようになる．
$\boldsymbol{X}=(X_1,X_2,X_3)$ とすると

$$\mathrm{div}\,\boldsymbol{X}=\frac{\partial X_1}{\partial x}+\frac{\partial X_2}{\partial y}+\frac{\partial X_3}{\partial z},$$

$$\mathrm{rot}\,\boldsymbol{X}=\left(\frac{\partial X_3}{\partial y}-\frac{\partial X_2}{\partial z},\frac{\partial X_1}{\partial z}-\frac{\partial X_3}{\partial x},\frac{\partial X_2}{\partial x}-\frac{\partial X_1}{\partial y}\right).$$

注意 記号 div, rot は，それぞれ，**発散**，**回転**とよばれる．

例2． 流体粒子(点とみなした流体の微小塊)の密度 ρ とその速度(流れの場) $\boldsymbol{u}$ のみたす**連続の方程式**：

$$\frac{\partial \rho}{\partial t}+\mathrm{div}(\rho \boldsymbol{u})=0.$$

例3． 非圧縮性流体の**ポテンシャル流れ**のみたす方程式．$\mathrm{rot}\,\boldsymbol{u}=0$ をみたす流れをポテンシャル流れという．このとき $\boldsymbol{u}$ は，適切にある関数 ϕ を選んで，$\boldsymbol{u}=\left(\frac{\partial \phi}{\partial x},\frac{\partial \phi}{\partial y},\frac{\partial \phi}{\partial z}\right)$ と表される．$\frac{d\rho}{dt}=0$ をみたす流体を**非圧縮性流体**と

いう．すると非圧縮性流体の**ポテンシャル流れ**のみたす方程式は，例2の方程式より，つぎのようになる：

$$\frac{\partial^2 \phi}{\partial x^2} + \frac{\partial^2 \phi}{\partial y^2} + \frac{\partial^2 \phi}{\partial z^2} = 0.$$

例 4. 非圧縮性粘性流体の運動方程式 (**ナビエ・ストークス方程式**)：

$$\frac{\partial \boldsymbol{u}}{\partial t} + \boldsymbol{u} \cdot \nabla \boldsymbol{u} = -\frac{1}{\rho} \operatorname{grad} p + \nu \nabla^2 \boldsymbol{u} + \boldsymbol{f}.$$

ここで記号 $\operatorname{grad} p$, $\nabla^2 \boldsymbol{u}$, $\boldsymbol{u} \cdot \nabla \boldsymbol{u}$ の意味は，$\boldsymbol{u} = (u_1, u_2, u_3)$ とするとき

$$\operatorname{grad} p = \left(\frac{\partial p}{\partial x}, \frac{\partial p}{\partial y}, \frac{\partial p}{\partial z} \right),$$

$$\nabla^2 \boldsymbol{u} = \left(\frac{\partial^2 u_1}{\partial x^2} + \frac{\partial^2 u_1}{\partial y^2} + \frac{\partial^2 u_1}{\partial z^2}, \frac{\partial^2 u_2}{\partial x^2} + \frac{\partial^2 u_2}{\partial y^2} + \frac{\partial^2 u_2}{\partial z^2}, \frac{\partial^2 u_3}{\partial x^2} + \frac{\partial^2 u_3}{\partial y^2} + \frac{\partial^2 u_3}{\partial z^2} \right)$$

$$\boldsymbol{u} \cdot \nabla \boldsymbol{u} = \left(u_1 \frac{\partial u_1}{\partial x} + u_2 \frac{\partial u_1}{\partial y} + u_3 \frac{\partial u_1}{\partial z}, u_1 \frac{\partial u_2}{\partial x} + u_2 \frac{\partial u_2}{\partial y} + u_3 \frac{\partial u_2}{\partial z}, \right.$$
$$\left. u_1 \frac{\partial u_3}{\partial x} + u_2 \frac{\partial u_3}{\partial y} + u_3 \frac{\partial u_3}{\partial z} \right)$$

である．

例 5. 電子が自由に運動しているときの量子力学的波動方程式 (**シュレディンガー方程式**)：

$$\frac{\partial^2 \psi}{\partial x^2} + \frac{\partial^2 \psi}{\partial y^2} + \frac{\partial^2 \psi}{\partial z^2} + \frac{2m\varepsilon}{\hbar^2} \psi = 0.$$

ここに $\hbar = \dfrac{h}{2\pi}$, h はプランク定数である．

T. これらの例から推測されると思いますが，工学現象 (物理現象) を数式で表現しますと一般には偏微分方程式になります．その方程式の解を求めることを"偏微分方程式を解く"といいますが，さてこれが大変なんです！ 常微分方程式を解くのは簡単だというわけではありませんが，偏微分方程式を解くのはさらに難しくなります．これから紹介するのはごく一部の，しかもやさしい解法です．それでもある程度の応用力を得ることはできますので安心してください．

Question うわあー，例を見ただけでずいぶん難しくなった気分ですよー！ 理解できるかどうか不安になってきました．だいじょうぶでしょうか？

T. 全部を一度に完璧にマスターしようと思わずに，わかるところがあれば良し

の気持ちで勉強していきましょう！ では始めますよ．

微分方程式には常微分方程式と偏微分方程式の2種類がある．前半で学んだのは常微分方程式である．ここからは偏微分方程式の解法に関する基本事項の中よりいくつかの方法を選んだものを紹介する．すでに前半部分で偏微分の計算を行ったが，偏微分法復習のためのウオーミングアップから始めよう．

例題 28 [偏微分法復習]

(1) 関数 $u = \arctan \dfrac{y}{x}$ は偏微分方程式

$$\frac{\partial^2 u}{\partial x^2} + \frac{\partial^2 u}{\partial y^2} = 0$$

をみたすことを示せ．

(2) 関数 $f(x)$ を微分可能な関数とするとき，関数 $z = f(x^2 + y^2)$ は偏微分方程式

$$y\frac{\partial z}{\partial x} - x\frac{\partial z}{\partial y} = 0$$

をみたすことを示せ．

(3) 関数 $\phi(x)$, $\psi(x)$ を2回微分可能な関数とするとき，関数 $u = \phi(x - at) + \psi(x + at)$ は偏微分方程式

$$\frac{\partial^2 u}{\partial t^2} = a^2 \frac{\partial^2 u}{\partial x^2}$$

をみたすことを示せ．

(4) 非圧縮性流体のポテンシャル流れのみたす方程式は

$$\frac{\partial^2 \phi}{\partial x^2} + \frac{\partial^2 \phi}{\partial y^2} + \frac{\partial^2 \phi}{\partial z^2} = 0$$

となることを示せ．

[解] (1) $\dfrac{\partial u}{\partial x} = \dfrac{-y}{x^2 + y^2}$, $\dfrac{\partial u}{\partial y} = \dfrac{x}{x^2 + y^2}$,

$\dfrac{\partial^2 u}{\partial x^2} = \dfrac{2xy}{(x^2 + y^2)^2}$, $\dfrac{\partial^2 u}{\partial y^2} = \dfrac{-2xy}{(x^2 + y^2)^2}$.

$$\therefore \quad \frac{\partial^2 u}{\partial x^2} + \frac{\partial^2 u}{\partial y^2} = 0.$$

(2) $$\frac{\partial z}{\partial x} = 2xf'(x^2+y^2), \quad \frac{\partial z}{\partial y} = 2yf'(x^2+y^2).$$

$$\therefore \quad y\frac{\partial z}{\partial x} - x\frac{\partial z}{\partial y} = 0.$$

(3) $\dfrac{\partial u}{\partial t} = -a\phi'(x-at) + a\psi'(x+at), \quad \dfrac{\partial u}{\partial x} = \phi'(x-at) + \psi'(x+at),$

$\dfrac{\partial^2 u}{\partial t^2} = a^2\phi''(x-at) + a^2\psi''(x+at), \quad \dfrac{\partial^2 u}{\partial x^2} = \phi''(x-at) + \psi''(x+at).$

$$\therefore \quad \frac{\partial^2 u}{\partial t^2} = a^2 \frac{\partial^2 u}{\partial x^2}.$$

(4) 非圧縮性流体のポテンシャル流れということから

$$\frac{d\rho}{dt} = 0, \quad \frac{\partial \rho}{\partial t} + \mathrm{div}(\rho \boldsymbol{u}) = 0$$

が成り立つ．さて，

$$\frac{d\rho}{dt} = \frac{d\rho(t, x(t), y(t), z(t))}{dt}$$

$$= \rho_t(t, x(t), y(t), z(t)) + \rho_x(t, x(t), y(t), z(t))\frac{dx(t)}{dt}$$

$$+ \rho_y(t, x(t), y(t), z(t))\frac{dy(t)}{dt} + \rho_z(t, x(t), y(t), z(t))\frac{dz(t)}{dt}.$$

ところで $\boldsymbol{u} = (u_1, u_2, u_3) = \left(\dfrac{dx(t)}{dt}, \dfrac{dy(t)}{dt}, \dfrac{dz(t)}{dt}\right)$ だから，

$$\frac{d\rho}{dt} = \rho_t(t, x(t), y(t), z(t)) + \rho_x(t, x(t), y(t), z(t))u_1$$

$$+ \rho_y(t, x(t), y(t), z(t))u_2 + \rho_z(t, x(t), y(t), z(t))u_3$$

となる．一方

$$\frac{\partial \rho}{\partial t} + \mathrm{div}(\rho \boldsymbol{u}) = \rho_t(t, x(t), y(t), z(t)) + \rho\Big(\frac{\partial u_1}{\partial x} + \frac{\partial u_2}{\partial y} + \frac{\partial u_3}{\partial z}\Big)$$

$$+ u_1 \frac{\partial \rho}{\partial x} + u_2 \frac{\partial \rho}{\partial y} + u_3 \frac{\partial \rho}{\partial z}$$

$$= \rho_t(t, x(t), y(t), z(t)) + \rho\Big(\frac{\partial u_1}{\partial x} + \frac{\partial u_2}{\partial y} + \frac{\partial u_3}{\partial z}\Big)$$

$$+ u_1 \rho_x(t, x(t), y(t), z(t)) + u_2 \rho_y(t, x(t), y(t), z(t))$$

$$+ u_3 \rho_z(t, x(t), y(t), z(t))$$

である．したがって

$$\rho_t(t,x(t),y(t),z(t)) + \rho_x(t,x(t),y(t),z(t))u_1 + \rho_y(t,x(t),y(t),z(t))u_2$$
$$+ \rho_z(t,x(t),y(t),z(t))u_3 = 0,$$

$$\rho_t(t,x(t),y(t),z(t)) + \rho\Big(\frac{\partial u_1}{\partial x} + \frac{\partial u_2}{\partial y} + \frac{\partial u_3}{\partial z}\Big) + u_1\rho_x(t,x(t),y(t),z(t))$$
$$+ u_2\rho_y(t,x(t),y(t),z(t)) + u_3\rho_z(t,x(t),y(t),z(t)) = 0$$

より

$$\rho\Big(\frac{\partial u_1}{\partial x} + \frac{\partial u_2}{\partial y} + \frac{\partial u_3}{\partial z}\Big) = 0,$$

すなわち

$$\frac{\partial u_1}{\partial x} + \frac{\partial u_2}{\partial y} + \frac{\partial u_3}{\partial z} = 0$$

となる．ところで $\boldsymbol{u} = \Big(\dfrac{\partial \phi}{\partial x}, \dfrac{\partial \phi}{\partial y}, \dfrac{\partial \phi}{\partial z}\Big)$ と表される．すなわち $u_1 = \dfrac{\partial \phi}{\partial x}$, $u_2 = \dfrac{\partial \phi}{\partial y}$, $u_3 = \dfrac{\partial \phi}{\partial z}$ と表される．よって

$$\frac{\partial^2 \phi}{\partial x^2} + \frac{\partial^2 \phi}{\partial y^2} + \frac{\partial^2 \phi}{\partial z^2} = 0$$

となる． ∎

Question $\arctan \dfrac{y}{x}$ ！ な, なんです, それ？

T. アークタンジェント $\arctan \dfrac{y}{x}$ は, $\tan \dfrac{y}{x}$ の逆三角関数を表す記号でしたよ．

要項 合成関数の微分・偏微分に関する基本公式

$$\frac{d}{dt}f(x(t),y(t)) = f_x(x(t),y(t))\frac{dx(t)}{dt} + f_y(x(t),y(t))\frac{dy(t)}{dt},$$

$$\frac{\partial}{\partial u}f(x(u,v),y(u,v)) = f_x(x(u,v),y(u,v))\frac{\partial x(u,v)}{\partial u}$$
$$+ f_y(x(u,v),y(u,v))\frac{\partial y(u,v)}{\partial u},$$

$$\frac{\partial}{\partial v}f(x(u,v),y(u,v)) = f_x(x(u,v),y(u,v))\frac{\partial x(u,v)}{\partial v}$$
$$+ f_y(x(u,v),y(u,v))\frac{\partial y(u,v)}{\partial v}.$$

▶**演習 28**

(1) 関数 $u = \log \sqrt{x^2 + y^2}$ は

$$\frac{\partial^2 u}{\partial x^2} + \frac{\partial^2 u}{\partial y^2} = 0$$

をみたすことを示せ.

(2) 関数 $u = f(x + at, y + bt)$ は

$$\frac{\partial u}{\partial t} = a\frac{\partial u}{\partial x} + b\frac{\partial u}{\partial y}$$

をみたすことを示せ.

(3) $(2x + y)\,dx + (x + 2y)\,dy$ がある関数の全微分になることを示し,その関数を求めよ.すなわち $du = (2x + y)\,dx + (x + 2y)\,dy$ をみたす関数 $u = u(x, y)$ が存在することを示し,その関数 $u = u(x, y)$ を求めよ.

(4) $(3x^2 + 3y - 1)\,dx + (z^2 + 3x)\,dy + (2yz + 1)\,dz$ がある関数の全微分になることを示し,その関数を求めよ.すなわち $du = (3x^2 + 3y - 1)\,dx + (z^2 + 3x)\,dy + (2yz + 1)\,dz$ をみたす関数 $u = u(x, y, z)$ が存在することを示し,その関数 $u = u(x, y, z)$ を求めよ.

(5)* 関数 $z = xy + x\phi\left(\dfrac{y}{x}\right)$ は

$$x\frac{\partial z}{\partial x} + y\frac{\partial z}{\partial y} = xy + z$$

をみたすことを示せ.

5章 偏微分方程式を解いてみよう

5.1 1階偏微分方程式

要項 a, b (ただし $ab \neq 0$) を定数とするとき，未知関数 $u = u(x,y)$ に関する **1階偏微分方程式**

$$a\frac{\partial u}{\partial x} + b\frac{\partial u}{\partial y} = 0 \tag{5.1}$$

のどの解 u も，微分可能な関数 $\phi(x)$ を適切にとって

$$u = \phi(bx - ay)$$

と表される．また，定数 c に対して，未知関数 $u = u(x,y)$ に関する **1階偏微分方程式**

$$a\frac{\partial u}{\partial x} + b\frac{\partial u}{\partial y} = c \tag{5.2}$$

のどの解 u も，微分可能な関数 $\phi(x)$ を適切にとって

$$u = \frac{c}{b}y + \phi(bx - ay)$$

と表され，そして **1階偏微分方程式**

$$a\frac{\partial u}{\partial x} + b\frac{\partial u}{\partial y} + cu = 0 \tag{5.3}$$

の 0 でないどの解 u も，微分可能な関数 $\phi(x)$ を適切にとって

$$u = \exp\left\{-\frac{c}{b}y + \phi(bx - ay)\right\}$$

と表される．

Question 意味がちっともわかりません．どういうことをいってるんですか？
T. 微分可能な**任意の**関数 $\phi(x)$ に対して $u = \phi(bx - ay)$ とおくと，この u が偏微分方程式 (5.1) をみたすことは計算すれば確かめられます．だから問題となるのは，偏微分方程式 (5.1) をみたす**すべての解**が $bx - ay$ **の関数になるかど**

うかですね．このことを「どんな解 u も，微分可能な関数 $\phi(x)$ を**適切にとって** $u = \phi(bx - ay)$ と表されるか」と表現します．結論は Yes ですから，どんな解 u も，微分可能な関数 $\phi(x)$ を適切にとって $u = \phi(bx - ay)$ と表される，という表現になるわけです．偏微分方程式 (5.2) と (5.3) に対して上で記された表現も，いま説明したことと同じ意味あいです．

例題 29 [定数係数 1 階線形偏微分方程式]

偏微分方程式
$$\frac{\partial u}{\partial x} + 2\frac{\partial u}{\partial y} = 0, \quad u(0, y) = \sin y$$

をみたす解 $u = u(x, y)$ を求めよ．

[解] u は，ある関数 $\phi(x)$ を適切にとって $u = \phi(2x - y)$ と表される．ここで $u(0, y) = \sin y$ より
$$\phi(2 \cdot 0 - y) = \sin y, \quad \text{ゆえに} \quad \phi(-y) = \sin y$$

が成り立つ．よって $-y = t$，すなわち $y = -t$ とおくと $\phi(t) = -\sin t$．ゆえに $t = 2x - y$ とおけば
$$\phi(2x - y) = -\sin(2x - y) = \sin(y - 2x).$$

よって，求める解は
$$u = \sin(y - 2x).$$

▶**演習 29**

(1) $$\frac{\partial u}{\partial x} + 2\frac{\partial u}{\partial y} = 1, \quad u(x, 0) = x^2$$
をみたす解 $u = u(x, y)$ を求めよ．

(2) $$2\frac{\partial u}{\partial x} + 3\frac{\partial u}{\partial y} = -u, \quad u(0, y) = e^y$$
をみたす解 $u = u(x, y)$ を求めよ．

要項 関数 $a(x, y)$, $b(x, y)$ (ただし $a(x, y)b(x, y) \neq 0$ とする) に対して，**1 階偏微分方程式**
$$a(x, y)\frac{\partial u}{\partial x} + b(x, y)\frac{\partial u}{\partial y} = 0 \tag{5.4}$$

をみたす解 $u = u(x, y)$ の求め方は，つぎのようにする：

未知関数 x, y に関する連立微分方程式

$$\begin{cases} \dfrac{dx}{dt} = a(x, y) \\ \dfrac{dy}{dt} = b(x, y) \end{cases}$$

を解く．この解 x, y は t の関数である．いまそれを $x = A(t)$, $y = B(t)$ とする．これより変数 t を**消去すれば**，$F(x, y) = C$ の形の1つの等式が得られる．このとき，求める1階偏微分方程式 (5.4) の解 u は，適切に関数 $\phi(x)$ をとって

$$u = \phi\big(F(x, y)\big)$$

と表される．

要項 関数 $a(x, y)$, $b(x, y)$, $c(x, y)$ (ただし $a(x, y)b(x, y) \neq 0$ とする) に対して，**1階偏微分方程式**

$$a(x, y)\frac{\partial u}{\partial x} + b(x, y)\frac{\partial u}{\partial y} = c(x, y) \tag{5.5}$$

をみたす解 $u = u(x, y)$ の求め方は，つぎのようにする：

未知関数 x, y に関する連立微分方程式

$$\begin{cases} \dfrac{dx}{dt} = a(x, y) \\ \dfrac{dy}{dt} = b(x, y) \end{cases}$$

を解く．この解 x, y は t の関数である．いまそれを $x = A(t)$, $y = B(t)$ とする．これより変数 t を**消去すれば**，$F(x, y) = C$ の形の1つの等式が得られる．このとき，求める1階偏微分方程式 (5.5) の解 u は，適切に関数 $\phi(x)$ をとって

$$u = \int c(A(t), B(t))\, dt + \phi\big(F(x, y)\big) \qquad (\text{積分定数は0とする}) \tag{5.6}$$

と表される．

注意 式 (5.6) の不定積分は t の関数となっているが，最終的には t が消去されて変数 x と y の関数表示になる．この理由を理解するためには，"陰関数の定理" と 3 章の定理 A "連立方程式の場合に一般化した定理" の 2 つの定理に関する知識が必要である．

例題 30 ［変数係数 1 階偏微分方程式］

つぎの偏微分方程式を解け．
(1) $x\dfrac{\partial u}{\partial x} + y\dfrac{\partial u}{\partial y} = 0$.
(2) $(-x+y)\dfrac{\partial u}{\partial x} + (x+y)\dfrac{\partial u}{\partial y} = x - y$.

［解］　(1)
$$\begin{cases} \dfrac{dx}{dt} = x \\ \dfrac{dy}{dt} = y \end{cases}$$

を解くと

$$x = C_1 e^t, \quad y = C_2 e^t. \quad \therefore \quad \frac{y}{x} = C \quad (C = C_2 C_1^{-1}).$$

ゆえに，関数 $\phi(x)$ を適切にとって

$$u = \phi\left(\frac{y}{x}\right)$$

と表される．

(2)
$$\begin{cases} \dfrac{dx}{dt} = -x + y \\ \dfrac{dy}{dt} = x + y \end{cases}$$

を解くと

$$\frac{dy}{dx} = \frac{\dfrac{dy}{dt}}{\dfrac{dx}{dt}} = \frac{x+y}{y-x}.$$

ゆえに

$$x^2 + 2xy - y^2 = C.$$

よって，関数 $\phi(x)$ を適切にとって

$$\begin{aligned} u &= \int (x-y)dt + \phi\bigl(x^2 + 2xy - y^2\bigr) \\ &= \int \left(-\frac{dx}{dt}\right) dt + \phi\bigl(x^2 + 2xy - y^2\bigr) \\ &= -x + \phi\bigl(x^2 + 2xy - y^2\bigr) \end{aligned}$$

と表される.

▶**演習 30** つぎの偏微分方程式を解け.
(1) $y\dfrac{\partial u}{\partial x} + x\dfrac{\partial u}{\partial y} = x^2 + y^2.$
(2) $\dfrac{\partial u}{\partial x} + 2\dfrac{\partial u}{\partial y} = x.$

5.2　2 階偏微分方程式

要項　a, b, c は, $a \neq 0$, $b^2 - 4ac \geqq 0$ をみたす定数とする. **2 階偏微分方程式**

$$a\dfrac{\partial^2 u}{\partial x^2} + b\dfrac{\partial^2 u}{\partial x \partial y} + c\dfrac{\partial^2 u}{\partial y^2} = 0 \tag{5.7}$$

の解 $u = u(x, y)$ の求め方は, つぎのようにする.

偏微分方程式 (5.7) の**特性方程式**

$$a\lambda^2 + b\lambda + c = 0 \tag{5.8}$$

を解く. その解を λ_1, λ_2 とする. このとき, 求める 2 階偏微分方程式 (5.7) の解は, 適切に関数 $\phi(x)$, $\psi(x)$ をとって

(i) $\lambda_1 \neq \lambda_2$ のとき,

$$u = \phi(\lambda_1 x + y) + \psi(\lambda_2 x + y),$$

(ii) $\lambda_1 = \lambda_2$ のとき,

$$u = x\phi(\lambda_1 x + y) + \psi(\lambda_1 x + y)$$

と表される.

例題 31 [定数係数 2 階線形斉次偏微分方程式]

つぎの偏微分方程式を解け.
(1) $\dfrac{\partial^2 u}{\partial x^2} - \dfrac{\partial^2 u}{\partial y^2} = 0.$

(2) $\dfrac{\partial^2 u}{\partial x^2} - 6\dfrac{\partial^2 u}{\partial x \partial y} + 9\dfrac{\partial^2 u}{\partial y^2} = 0$.

[解] (1) 特性方程式 $\lambda^2 - 1 = 0$ を解くと $\lambda = \pm 1$. よって，適切に関数 $\phi(x)$, $\psi(x)$ をとって
$$u = \phi(x + y) + \psi(-x + y).$$

(2) 特性方程式 $\lambda^2 - 6\lambda + 9 = 0$ を解くと $\lambda = 3$. よって，適切に関数 $\phi(x)$, $\psi(x)$ をとって
$$u = x\phi(3x + y) + \psi(3x + y). \quad \blacksquare$$

補足 定数 a, b, c, p, q, r ($a^2 + b^2 + c^2 \ne 0$) に対して，2 階偏微分方程式
$$a\dfrac{\partial^2 u}{\partial x^2} + b\dfrac{\partial^2 u}{\partial x \partial y} + c\dfrac{\partial^2 u}{\partial y^2} + p\dfrac{\partial u}{\partial x} + q\dfrac{\partial u}{\partial y} + ru = 0 \qquad (5.9)$$
は **3 つのタイプ** に分類される．(5.9) 式は

(i) $b^2 - 4ac > 0$ のとき，**双曲型**,

(ii) $b^2 - 4ac = 0$ のとき，**放物型**,

(iii) $b^2 - 4ac < 0$ のとき，**楕円型**

とよばれる．そして適切な変数変換 $(x, y) \to (x_1, y_1)$ をすると，(i), (ii), (iii) は，それぞれ，つぎのような形の偏微分方程式になる：

$$\dfrac{\partial^2 u}{\partial x_1^2} - \dfrac{\partial^2 u}{\partial y_1^2} + \tilde{p}\dfrac{\partial u}{\partial x_1} + \tilde{q}\dfrac{\partial u}{\partial y_1} + \tilde{r}u = 0,$$

または $\dfrac{\partial^2 u}{\partial x_1 \partial y_1} + \tilde{p}\dfrac{\partial u}{\partial x_1} + \tilde{q}\dfrac{\partial u}{\partial y_1} + \tilde{r}u = 0;$

$$\dfrac{\partial^2 u}{\partial y_1^2} + \tilde{p}\dfrac{\partial u}{\partial x_1} + \tilde{q}\dfrac{\partial u}{\partial y_1} + \tilde{r}u = 0;$$

$$\dfrac{\partial^2 u}{\partial x_1^2} + \dfrac{\partial^2 u}{\partial y_1^2} + \tilde{p}\dfrac{\partial u}{\partial x_1} + \tilde{q}\dfrac{\partial u}{\partial y_1} + \tilde{r}u = 0.$$

▶**演習 31**

(1) $\dfrac{\partial^2 u}{\partial x \partial y} = 0$ を解け．

(2) $\dfrac{\partial^2 u}{\partial x \partial y} = 6x^2 y$, $u(x, 0) = x^2$, $u(0, y) = \sin y$ を解け．

(3) $\dfrac{\partial^2 u}{\partial x \partial y} = x^2 + y^2$ を解け．

(4)* $4\dfrac{\partial^2 u}{\partial t^2} - 25\dfrac{\partial^2 u}{\partial x^2} = 0$, $u(0,x) = \sin 2x$, $u_t(0,x) = 0$, $u(t,0) = 0$, $u(t,\pi) = 0$
を解け.

5.3 初期値問題

例題 32 [2 階偏微分方程式（ダランベール法）]

偏微分方程式

$$\frac{\partial^2 u}{\partial t^2} - \frac{\partial^2 u}{\partial x^2} = 0, \qquad u(0,x) = \sin x, \qquad \frac{\partial u}{\partial t}(0,x) = \cos x$$

をみたす解 $u = u(t,x)$ を求めよ.

[解]
$$\frac{\partial^2 u}{\partial t^2} - \frac{\partial^2 u}{\partial x^2} = 0$$

の特性方程式 $\lambda^2 - 1 = 0$ を解くと $\lambda = \pm 1$. よって，$u = u(t,x)$ は適切に関数 $\phi(x)$, $\psi(x)$ をとって

$$u = \phi(t+x) + \psi(-t+x) \tag{i}$$

と表される．このとき

$$\frac{\partial u}{\partial t} = \phi'(t+x) - \psi'(-t+x). \tag{ii}$$

(i), (ii) 式で $t = 0$ とおいて条件を用いれば

$$\phi(x) + \psi(x) = \sin x,$$
$$\phi'(x) - \psi'(x) = \cos x.$$

したがって

$$\phi(x) - \psi(x) = \int_0^x \bigl(\phi'(x) - \psi'(x)\bigr)\,dx + \phi(0) - \psi(0)$$
$$= \int_0^x \cos x\,dx + \phi(0) - \psi(0)$$
$$= \sin x + \phi(0) - \psi(0).$$

ゆえに

$$\phi(x) = \frac{(\phi(x)+\psi(x)) + (\phi(x)-\psi(x))}{2} = \sin x + \frac{1}{2}(\phi(0) - \psi(0)),$$
$$\psi(x) = \frac{(\phi(x)+\psi(x)) - (\phi(x)-\psi(x))}{2} = -\frac{1}{2}(\phi(0) - \psi(0)).$$

よって
$$u = \phi(t+x) + \psi(-t+x) = \sin(t+x).$$

要項
$$\begin{cases} \dfrac{\partial^2 u}{\partial t^2} - c^2 \dfrac{\partial^2 u}{\partial x^2} = 0, \\ u(0,x) = f(x), \quad \dfrac{\partial u}{\partial t}(0,x) = g(x) \end{cases} \quad (5.10)$$

をみたす解 $u = u(t,x)$ は
$$u = \frac{1}{2}\left\{ f(ct+x) + f(-ct+x) + \frac{1}{c}\int_{-ct+x}^{ct+x} g(x)\,dx \right\} \quad (5.11)$$

と表される．

(5.11) 式の解を**ダランベールの解**という．証明は上の例題 32 の解答とまったく同じ仕方である．

偏微分方程式 (5.10) は **1 次元の波動方程式**といわれる．物理的には，解 u は時間 t 経過後の，数直線上 x の位置にある波 (波動・振動) を表しており，(5.11) の表示式から物理的な現象を読み取ることができる．

例えば，初期条件 $u(0,x) = f(x)$ より
$$f(ct+x) = u(0, ct+x), \quad f(-ct+x) = u(0, -ct+x)$$

となる．したがって (5.11) 式は書き直すと
$$u(t,x) = \frac{1}{2}\left\{ u(0, ct+x) + u(0, -ct+x) + \frac{1}{c}\int_{-ct+x}^{ct+x} g(x)\,dx \right\} \quad (5.12)$$

となるが，(5.12) 式はつぎのことを示している：時間 t 経過後の，数直線上 x の位置にある波は，$t=0$ のときの (すなわち現在の) 数直線上，それぞれ $ct+x$, $-ct+x$ の位置にある点 A, B における波の状態によってのみ決定される (それ以外の点には影響されないということである)．

5.4 フーリエ級数

さて，2.5 節で微分方程式を解くのに**べき級数**法という名の級数法を用いた．

以下ではもう一つの級数利用法について述べよう．それは**フーリエ級数**を用いる方法である．まず，フーリエ級数の説明からはじめよう．

定義 5.1 関数 $f(x)$ は区間 $[a,b]$ で定義されているとする．

$$\begin{cases} \overset{タウ}{\tau} = \dfrac{b-a}{2} \\ a_n = \dfrac{1}{\tau} \displaystyle\int_a^b f(x)\cos\left(\dfrac{n\pi x}{\tau}\right)dx & (n=0,1,2,\cdots) \\ b_n = \dfrac{1}{\tau} \displaystyle\int_a^b f(x)\sin\left(\dfrac{n\pi x}{\tau}\right)dx & (n=1,2,\cdots) \end{cases}$$

とおいたとき，つぎの級数

$$\frac{a_0}{2} + \sum_{n=1}^{\infty}\left(a_n\cos\left(\frac{n\pi x}{\tau}\right) + b_n\sin\left(\frac{n\pi x}{\tau}\right)\right)$$

を (区間 $[a,b]$ における) 関数 $f(x)$ の**フーリエ級数**という．

$f(x)$ のフーリエ級数が

$$\frac{a_0}{2} + \sum_{n=1}^{\infty}\left(a_n\cos\left(\frac{n\pi x}{\tau}\right) + b_n\sin\left(\frac{n\pi x}{\tau}\right)\right)$$

であることを

$$f(x) \sim \frac{a_0}{2} + \sum_{n=1}^{\infty}\left(a_n\cos\left(\frac{n\pi x}{\tau}\right) + b_n\sin\left(\frac{n\pi x}{\tau}\right)\right)$$

と書く．∎

警告 上の記号 $\sim$ は，

"$f(x)$ は近似的に $\dfrac{a_0}{2} + \displaystyle\sum_{n=1}^{\infty}\left(a_n\cos\left(\dfrac{n\pi x}{\tau}\right) + b_n\sin\left(\dfrac{n\pi x}{\tau}\right)\right)$ に等しい"

という意味**ではない**．

T. どんな整数 m, n と正数 T に対しても

$$\int_0^T \cos\left(\frac{m\pi x}{T}\right)\cos\left(\frac{n\pi x}{T}\right)dx = \int_0^T \sin\left(\frac{m\pi x}{T}\right)\sin\left(\frac{n\pi x}{T}\right)dx$$
$$= \begin{cases} 0 & (m \neq n) \\ \dfrac{T}{2} & (m = n). \end{cases}$$

$$\therefore \int_{-T}^{T} \cos\left(\frac{m\pi x}{T}\right)\cos\left(\frac{n\pi x}{T}\right)dx = \int_{-T}^{T}\sin\left(\frac{m\pi x}{T}\right)\sin\left(\frac{n\pi x}{T}\right)dx$$
$$= \begin{cases} 0 & (m \neq n) \\ T & (m = n) \end{cases},$$
$$\int_{-T}^{T} \cos\left(\frac{m\pi x}{T}\right)\sin\left(\frac{n\pi x}{T}\right) = 0$$

です．これらの関係式はフーリエ級数の計算によく使いますから憶えておいてください．

Memo ある正数 a に対して

$$\int_0^a X_m(x) X_n(x)\,dx = \begin{cases} 0 & (m \neq n) \\ 0\ \text{でない数} & (m = n) \end{cases} \quad (m, n = 1, 2, \cdots)$$

をみたす関数 $X_1(x), X_2(x), \cdots$ を**直交関数系**という．とくに，上の 0 でない数がすべての n に対して 1 のとき，**正規直交関数系**という．

例題 33 [フーリエ級数]

関数 $f(x) = x^2$ $(-\pi \leqq x \leqq \pi)$ のフーリエ級数を求めよ．

[解]
$$\begin{cases} a_n = \dfrac{1}{\pi}\displaystyle\int_{-\pi}^{\pi} x^2 \cos nx\,dx = \dfrac{2}{\pi}\displaystyle\int_0^{\pi} x^2 \cos nx\,dx & (n = 0, 1, 2, \cdots) \\ b_n = \dfrac{1}{\pi}\displaystyle\int_{-\pi}^{\pi} x^2 \sin nx\,dx = 0 & (n = 1, 2, \cdots) \end{cases}$$

である．したがって $a_0 = \dfrac{2\pi^2}{3}$．$n \geqq 1$ のときは，部分積分すれば

$$\frac{2}{\pi}\int_0^{\pi} x^2 \cos nx\,dx = \frac{4(-1)^n}{n^2}.$$

よって

$$f(x) \sim \frac{\pi^2}{3} + 4\sum_{n=1}^{\infty}(-1)^n \frac{\cos nx}{n^2}. \blacksquare$$

▶**演習 32** 以下の関数 $f(x)$，または $f(t)$ のフーリエ級数を求めよ．
(1)* $f(x) = e^{ax}$ $(-\pi \leqq x \leqq \pi)$．
(2)* $f(x) = \begin{cases} -1 & (-\pi \leqq x \leqq 0) \\ 1 & (0 < x \leqq \pi) \end{cases}$．

(3)* 以下の図 (a), 図 (b), 図 (c) にある波形の表す関数 $f(t)$.

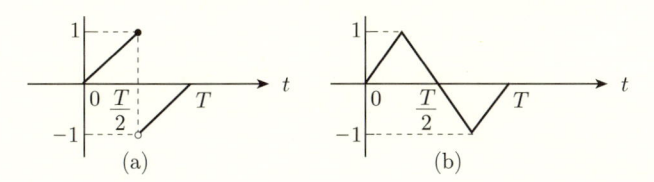

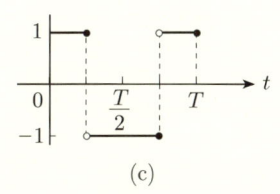

(a)

(b)

(c)

関数 $f(x)$ がある条件をみたせば，じつは，フーリエ級数における記号 "∼" を等号 "=" に置き換えることができる．その条件をみたす関数がかなり広い範囲にあることを保証するものとして，つぎの条件がある．

定義 5.2 区間 $[a,b]$ で定義される関数 $f(x)$ が**つぎの 3 つの条件** (1)〜(3) をみたすとき，$f(x)$ は区間 (a,b) で**ディリクレ条件**をみたすという：

(1) ある定数 M を適切にとると，$a < x < b$ をみたすすべての x に対して

$$|f(x)| \leqq M$$

となる．

(2) 関数 $y = f(x)$ の表す曲線 C が不連続になっている点は，(あったとしても) 有限個である．しかもどの不連続点の x 座標の値 ξ に対しても，

$$\lim_{h \to 0} f(\xi - h) \quad \text{と} \quad \lim_{h \to 0} f(\xi + h) \qquad (h > 0)$$

は有限な値になる．

(3) 関数 $f(x)$ が極値をもつ点は，(あったとしても) 有限個である．

Question わかりにくいなあ．もっとわかりやすい関数はないんですかー？

T. 関数 $y = f(x)$ の表す曲線 C の描くグラフは，イメージ的には，滑らかにつながっている曲線か折れ線だと思えばよいでしょうね．大ざっぱにいえば，い

くつかの点を除いては接線がひけるような曲線です．関数としては，もしも導関数 $f'(x)$ が連続ならば，ディリクレ条件はみたされます．

注意 上の条件をみたす関数としては，"$f(x)$, $f'(x)$ が区間 $[a,b]$ で区分的に連続である" ような関数 $f(x)$ のことであると思って十分である．

要項 区間 $(-l, l)$ でディリクレ条件をみたす関数 $f(x)$ は

$$\begin{cases} a_n = \dfrac{1}{l} \displaystyle\int_{-l}^{l} f(x) \cos\left(\dfrac{n\pi x}{l}\right) dx & (n = 0, 1, 2, \cdots) \\ b_n = \dfrac{1}{l} \displaystyle\int_{-l}^{l} f(x) \sin\left(\dfrac{n\pi x}{l}\right) dx & (n = 1, 2, \cdots) \end{cases}$$

とおくと，

(1) 連続な点 x では

$$f(x) = \frac{a_0}{2} + \sum_{n=1}^{\infty} \left(a_n \cos\left(\frac{n\pi x}{l}\right) + b_n \sin\left(\frac{n\pi x}{l}\right) \right).$$

このとき点 x で $f(x)$ は**フーリエ級数展開できる**という．

(2) 不連続な点 x では

$$\frac{f(x+0) + f(x-0)}{2} = \frac{a_0}{2} + \sum_{n=1}^{\infty} \left(a_n \cos\left(\frac{n\pi x}{l}\right) + b_n \sin\left(\frac{n\pi x}{l}\right) \right).$$

(3) 両端に関しては

$$\frac{f(-l+0) + f(l-0)}{2} = \frac{a_0}{2} + \sum_{n=1}^{\infty} a_n \cos n\pi$$

となる．

よく使われる $l = \pi$ の場合について，上記の要項に少し補足したものを以下記す．

まとめ　区間 $(-\pi, \pi)$ でディリクレ条件をみたす関数 $f(x)$ は

$$\begin{cases} a_n = \dfrac{1}{\pi}\displaystyle\int_{-\pi}^{\pi} f(x)\cos nx\, dx & (n = 0, 1, 2, \cdots) \\ b_n = \dfrac{1}{\pi}\displaystyle\int_{-\pi}^{\pi} f(x)\sin nx\, dx & (n = 1, 2, \cdots) \end{cases}$$

とおくと,

(1) 連続な点 x では

$$f(x) = \frac{a_0}{2} + \sum_{n=1}^{\infty}\left(a_n \cos nx + b_n \sin nx\right).$$

(2) 不連続な点 x では

$$\frac{f(x+0) + f(x-0)}{2} = \frac{a_0}{2} + \sum_{n=1}^{\infty}\left(a_n \cos nx + b_n \sin nx\right).$$

(3) 両端に関しては

$$\frac{f(-\pi+0) + f(\pi-0)}{2} = \frac{a_0}{2} + \sum_{n=1}^{\infty} a_n \cos n\pi$$

となる.

(4) 区間 $(-\pi, \pi)$ でディリクレ条件をみたす関数 $f(x)$ が**偶関数** (すなわち $f(-x) = f(x)$) **のとき**は,

$$\begin{cases} a_n = \dfrac{2}{\pi}\displaystyle\int_{0}^{\pi} f(x)\cos nx\, dx & (n = 0, 1, 2, \cdots) \\ b_n = 0 & (n = 1, 2, \cdots\cdots). \end{cases}$$

このときのフーリエ級数をフーリエ**余弦級数**という. そして,

(i) 連続な点 x で

$$f(x) = \frac{a_0}{2} + \sum_{n=1}^{\infty} a_n \cos nx$$

　とフーリエ**余弦展開される**.

(ii) 不連続な点 x では

$$\frac{f(x+0) + f(x-0)}{2} = \frac{a_0}{2} + \sum_{n=1}^{\infty} a_n \cos nx.$$

(5) 区間 $(-\pi, \pi)$ でディリクレ条件をみたす関数 $f(x)$ が**奇関数** (すなわち $f(-x) = -f(x)$) **のときは**,

$$\begin{cases} a_n = 0 & (n = 0, 1, 2, \cdots) \\ b_n = \dfrac{2}{\pi} \int_0^\pi f(x) \sin nx \, dx & (n = 1, 2, \cdots\cdots). \end{cases}$$

このときのフーリエ級数をフーリエ**正弦級数**という. そして,
  (i) 連続な点 x で
$$f(x) = \sum_{n=1}^\infty b_n \sin nx$$

とフーリエ**正弦展開される**.
  (ii) 不連続な点 x では
$$\frac{f(x+0) + f(x-0)}{2} = \sum_{n=1}^\infty b_n \sin nx.$$

(6) 区間 $(0, \pi)$ でディリクレ条件をみたす関数 $f(x)$ は, 区間 $(-\pi, 0)$ に偶関数拡張すれば, $f(x)$ はフーリエ**余弦展開され**, 区間 $(-\pi, 0)$ に奇関数拡張すれば, フーリエ**正弦展開される**.

Question ん? ぐうかんすうかくちょう? きかんすうかくちょう? なんのことですか?

T. 区間 $(0, r)$ で定義されている関数 $f(x)$ に対して

$$\tilde{f}(x) = \begin{cases} f(x) & (x \in (0, r)) \\ -f(-x) & (x \in (-r, 0)) \end{cases}$$

によって定義される関数 $\tilde{f}(x)$ を関数 $f(x)$ の**奇関数拡張**,

$$\tilde{\tilde{f}}(x) = \begin{cases} f(x) & (x \in (0, r)) \\ f(-x) & (x \in (-r, 0)) \end{cases}$$

によって定義される関数 $\tilde{\tilde{f}}(x)$ を関数 $f(x)$ の**偶関数拡張**, といいます. こうして拡張された関数 $\tilde{f}(x)$, $\tilde{\tilde{f}}(x)$ をもとの関数記号 $f(x)$ のままで表すことがよくあります.

例題 34 [正弦展開・余弦展開]

(1) 関数
$$f(x) = x(\pi - x) \qquad (0 < x < \pi)$$
のフーリエ正弦展開を求めよ．

(2) 関数
$$f(x) = \begin{cases} 1 & (0 < x \leqq h) \\ 0 & (h < x < \pi) \end{cases}$$
のフーリエ余弦展開を求めよ．

[**解**] (1) 部分積分をすれば
$$\frac{2}{\pi}\int_0^\pi f(x)\sin nx\,dx = \frac{2}{\pi}\int_0^\pi x(\pi-x)\sin nx\,dx$$
$$= \frac{4}{\pi n^3}\{1-(-1)^n\} \qquad (n=1,2,\cdots).$$

よって
$$f(x) = \sum_{n=1}^\infty \frac{4}{\pi n^3}\{1-(-1)^n\}\sin nx = \frac{8}{\pi}\sum_{n=1}^\infty \frac{\sin(2n-1)x}{(2n-1)^3} \qquad (0 < x < \pi).$$

(2)
$$\frac{2}{\pi}\int_0^\pi f(x)\cos nx\,dx = \frac{2}{\pi}\int_0^h \cos nx\,dx$$
$$= \begin{cases} \dfrac{2h}{\pi} & (n=0) \\ \dfrac{2\sin nh}{n\pi} & (n=1,2,\cdots). \end{cases}$$

よって
$$f(x) = \frac{2h}{\pi}\left(\frac{1}{2} + \sum_{n=1}^\infty \frac{\sin nh}{nh}\cos nx\right) \qquad (0<x<h,\ h<x<\pi). \blacksquare$$

▶**演習 33**

(1)* $f(x) = \sin x\ (0 < x < \pi)$ のフーリエ余弦展開を求めよ．
(2)* $f(x) = x\ (0 < x < 2)$ のフーリエ正弦展開とフーリエ余弦展開を求めよ．
(3)* 関数 $f(x) = x^2\ (0 < x < \pi)$ のフーリエ正弦展開とフーリエ余弦展開を求め

よ．その結果を用いて級数

$$\text{(i)} \quad 1 + \frac{1}{3^2} + \frac{1}{5^2} + \cdots$$

と級数

$$\text{(ii)} \quad 1 - \frac{1}{2^2} + \frac{1}{3^2} - \frac{1}{5^2} + \cdots$$

の和を求めよ．

例題 35 [常微分方程式への応用]

関数 $f(x)$ は周期 2π で

$$f(x) = \begin{cases} -x & (-\pi \leqq x \leqq 0) \\ x & (0 < x \leqq \pi) \end{cases}$$

とする．このとき，微分方程式

$$y'' + 2y = f(x)$$

の特解を求めよ．

[解] $f(x)$ は偶関数だから

$$f(x) = \frac{\pi}{2} + \frac{2}{\pi} \sum_{n=1}^{\infty} \frac{(-1)^n - 1}{n^2} \cos nx$$

と余弦展開される．そこで，特解 y も余弦展開して

$$y = \frac{a_0}{2} + \sum_{n=1}^{\infty} a_n \cos nx$$

とおき，与式に代入すれば

$$-\sum_{n=1}^{\infty} n^2 a_n \cos nx + a_0 + 2\sum_{n=1}^{\infty} a_n \cos nx = \frac{\pi}{2} + \frac{2}{\pi} \sum_{n=1}^{\infty} \frac{(-1)^n - 1}{n^2} \cos nx.$$

したがって

$$a_0 + \sum_{n=1}^{\infty} (2 - n^2) a_n \cos nx = \frac{\pi}{2} + \frac{2}{\pi} \sum_{n=1}^{\infty} \frac{(-1)^n - 1}{n^2} \cos nx.$$

そこで

$$a_0 = \frac{\pi}{2}, \quad (2 - n^2) a_n = \frac{2\{(-1)^n - 1\}}{\pi n^2} \qquad (n \geqq 1)$$

を解くと，
$$a_0 = \frac{\pi}{2}, \qquad a_n = \frac{2\{(-1)^n - 1\}}{\pi n^2(2-n^2)} \quad (n \geqq 1).$$

よって特解は
$$\begin{aligned} y &= \frac{\pi}{4} + \sum_{n=1}^{\infty} \frac{2\{(-1)^n - 1\}}{\pi n^2(2-n^2)} \cos nx \\ &= \frac{\pi}{4} - \frac{4}{\pi} \sum_{n=1}^{\infty} \frac{\cos(2n-1)x}{(2n-1)^2\{2-(2n-1)^2\}}. \end{aligned}$$

▶**演習 34** フーリエ級数の方法を用いてつぎの微分方程式の特解を求めよ．
(1) $y'' + 3y' + 2y = 20\sin x$.
(2)* $y'' + y' - 2y = 8\sin 2x$.

5.5 境界値問題

関連する数学的準備をしないので，フーリエ級数とはまったく無縁な話題に思われるかもしれないが，2階常微分方程式の固有値，固有関数 (**境界値問題**) に関するテーマから1つの題材を選んでみた．

Question 関連する数学的準備？ なんですか？
T. 興味をひかれましたか？ 熱方程式・波動方程式とよばれる偏微分方程式の境界値問題を，ずっと前に習った変数分離型の解法と多少関係がありますが，**変数分離法**とよばれる方法で2階常微分方程式の境界値問題に帰着させようという狙いのことなんです．

変数分離法というのは，未知関数 u, 変数 x, y の偏微分方程式を解かねばならないとしますね．そのとき u を $u = X(x)Y(y)$ のように，変数 x の関数と変数 y の関数の積の形に表して代入する方法のことです．この本では，すこしあとの演習問題に変数分離法を使って解を求める問題をいれてあります．あじわってください．構造力学，振動工学，機械力学とかいった工学部専門科目の書物，もちろんこれだけではありませんよ，にもそれを使った解法の説明がありますね．そもそもフーリエ級数の方法が誕生したのは偏微分方程式を変数分離の方法によって解けないだろうかと考えたことから生まれたといってもよいでしょうね．

要項

$$\begin{cases} y'' + ay' + by = -\lambda y \\ \alpha y(0) + \beta y'(0) = 0 \\ \gamma y(1) + \delta y'(1) = 0 \end{cases} \quad (5.13)$$

をみたす0**ではない**解 $y = y(x)$ があったとする．このときの λ を**固有値**，解 y を**固有関数**という．

(5.13) 式は，関数 y を**適切な関数に置き換え**をすると (文字は書き換えるべきであるが，便宜上 (5.13) 式と同じ文字のままにしていることに注意されたい)，

$$\begin{cases} y'' + \lambda y = 0 \\ \alpha y(0) + \beta y'(0) = 0 \\ \gamma y(1) + \delta y'(1) = 0 \end{cases} \quad (5.14)$$

の形になる．

Memo **適切な置き換え**をするとは，$y = ze^{-\frac{a}{2}x}$ とおいて (5.13) 式に代入することである．

例題 36 [2 階常微分方程式]

$$\begin{cases} y'' + \lambda y = 0 \\ y(0) = 0 \\ y(1) = 0 \end{cases}$$

の固有値，固有関数を求めよ．

[解] 特性方程式 $k^2 + \lambda = 0$ を解くと
(i) $\lambda > 0$ のとき $k = \pm\sqrt{\lambda}i$,
(ii) $\lambda = 0$ のとき $k = 0$,
(iii) $\lambda < 0$ のとき $k = \pm\sqrt{-\lambda}$.
ゆえに，
(i) $\lambda > 0$ のとき．$y = C_1 \cos\sqrt{\lambda}x + C_2 \sin\sqrt{\lambda}x$. したがって，

$$\begin{cases} C_1 \cdot 1 + C_2 \cdot 0 = 0 \\ C_1 \cos\sqrt{\lambda} + C_2 \sin\sqrt{\lambda} = 0. \end{cases}$$

よって $C_1 = 0$ で，そしてある整数 m によって $\lambda = (m\pi)^2$ と表される．このときの固有関数は $C_2 \sin m\pi x$ $(m \neq 0)$．

(ii) $\lambda = 0$ のとき．$y = C_1 + C_2 x$．このときは $C_1 = C_2 = 0$ となる．よって不適．

(iii) $\lambda < 0$ のとき．$y = C_1 e^{\sqrt{-\lambda}x} + C_2 e^{-\sqrt{-\lambda}x}$．したがって，

$$\begin{cases} C_1 \cdot 1 + C_2 \cdot 1 = 0 \\ C_1 e^{\sqrt{-\lambda}} + C_2 e^{-\sqrt{-\lambda}} = 0. \end{cases}$$

これより $C_1 = C_2 = 0$ となる．よって不適．

以上 (i)〜(iii) をまとめて，固有値は $(m\pi)^2$ となり，これに対する固有関数は，定数倍を除くと，$\sin m\pi x$ $(m = 1, 2, \cdots)$ となる． ■

▶**演習 35**

(1)*
$$\begin{cases} y'' + \lambda y = 0 \\ y(0) = 0 \\ y'(1) = 0 \end{cases}$$

の固有値，固有関数を求めよ．

(2)*
$$\begin{cases} y'' + \lambda y = 0 \\ y'(0) = 0 \\ y'(1) = 0 \end{cases}$$

の固有値，固有関数を求めよ．

さてフーリエ級数にもどろう．まず，長方形領域：

$$\{(x,y) : 0 < x < a, \ 0 < y < b\}$$

の**境界値問題**から述べる．

要項
$$\begin{cases} \dfrac{\partial^2 u}{\partial x^2} + \dfrac{\partial^2 u}{\partial y^2} = 0 \quad (0 < x < a,\ 0 < y < b), \\ u(0,y) = u(a,y) = 0, \\ u(x,0) = f(x), \quad u(x,b) = g(x) \end{cases}$$

をみたす解 $u = u(x,y)$ をフーリエ級数法で求めるには,

(i) 関数 u を x の関数とみなして,区間 $(-a, 0)$ に奇関数拡張して正弦展開

$$u = \sum_{n=1}^{\infty} v_n(y) \sin\left(\frac{n\pi x}{a}\right)$$

したものを方程式 (2 次元の**ラプラス方程式**といわれる)

$$\frac{\partial^2 u}{\partial x^2} + \frac{\partial^2 u}{\partial y^2} = 0$$

に代入する.

(ii) **境界条件**

$$u(x,0) = f(x), \quad u(x,b) = g(x)$$

に現れる関数 $f(x)$, $g(x)$ も (i) と同様に**正弦展開**する:

$$\begin{cases} f(x) = \sum_{n=1}^{\infty} \alpha_n \sin\left(\dfrac{n\pi x}{a}\right), & \text{ただし } \alpha_n = \dfrac{2}{a}\displaystyle\int_0^a f(x)\sin\left(\dfrac{n\pi x}{a}\right)dx \\ g(x) = \sum_{n=1}^{\infty} \beta_n \sin\left(\dfrac{n\pi x}{a}\right), & \text{ただし } \beta_n = \dfrac{2}{a}\displaystyle\int_0^a g(x)\sin\left(\dfrac{n\pi x}{a}\right)dx. \end{cases}$$

(iii) $v_n(y)$ に関する定数係数の 2 階線形微分方程式が得られる.それを解いて (i) の u に代入する.

例題 37 [ラプラス方程式 1]

$$\begin{cases} \dfrac{\partial^2 u}{\partial x^2} + \dfrac{\partial^2 u}{\partial y^2} = 0 \quad (0 < x < \pi,\ 0 < y < \pi) \\ u(0, y) = u(\pi, y) = 0 \\ u(x, 0) = \sin x, \quad u(x, \pi) = 0 \end{cases}$$

をみたす解 $u = u(x, y)$ を求めよ．

[解] 関数 u を x の関数とみなして正弦展開したものを

$$u = \sum_{n=1}^{\infty} v_n(y) \sin nx$$

とおくと

$$\frac{\partial^2 u}{\partial x^2} = -\sum_{n=1}^{\infty} n^2 v_n(y) \sin nx, \quad \frac{\partial^2 u}{\partial y^2} = \sum_{n=1}^{\infty} v_n''(y) \sin nx.$$

これを与式に代入すれば

$$\sum_{n=1}^{\infty} \left\{ v_n''(y) - n^2 v_n(y) \right\} \sin nx = 0.$$

そこで

$$v_n''(y) - n^2 v_n(y) = 0 \quad (n \geqq 1)$$

を解けば

$$v_n(y) = A_n e^{ny} + B_n e^{-ny}$$

と表される．よって

$$u = \sum_{n=1}^{\infty} \left(A_n e^{ny} + B_n e^{-ny} \right) \sin nx.$$

境界条件 $u(x, 0) = \sin x,\ u(x, \pi) = 0$ より，

$$\sum_{n=1}^{\infty} (A_n + B_n) \sin nx = \sin x, \quad \sum_{n=1}^{\infty} \left(A_n e^{n\pi} + B_n e^{-n\pi} \right) \sin nx = 0.$$

そこで

$$A_1 + B_1 = 1, \quad A_n + B_n = 0 \ (n \geqq 2), \quad A_n e^{n\pi} + B_n e^{-n\pi} = 0 \ (n \geqq 1)$$

を解けば

$$A_1 = \frac{e^{-\pi}}{e^{-\pi} - e^{\pi}}, \quad B_1 = \frac{e^{\pi}}{e^{\pi} - e^{-\pi}}, \quad A_n = B_n = 0 \ (n \geqq 2)$$

となる.ゆえに

$$u = \left(\frac{e^{-\pi}}{e^{-\pi}-e^{\pi}}e^{y} - \frac{e^{\pi}}{e^{-\pi}-e^{\pi}}e^{-y}\right)\sin x = \frac{\sinh(\pi-y)\sin x}{\sinh \pi}.$$

注意 $\sinh x$ (ハイパボリックサイン x), $\cosh x$ (ハイパボリックコサイン x), $\tanh x$ (ハイパボリックタンジェント x) は

$$\sinh x = \frac{e^x - e^{-x}}{2}, \quad \cosh x = \frac{e^x + e^{-x}}{2}, \quad \tanh x = \frac{\sinh x}{\cosh x} = \frac{e^x - e^{-x}}{e^x + e^{-x}}$$

で定義される関数 (**双曲線関数**とよばれる).

Question なーんかぼやーっとします.境界条件は 4 つあったのに,上の解答だと 2 つしか使ってないですね.なぜ 2 つの境界条件だけでよいのですか?
T. いいところに気がつきましたね.おかしいですよね,境界条件は 4 つあるのに.じつはいまの場合は解 $u = u(x,y)$ を (x について) フーリエ正弦展開したことによって,残る 2 つの境界条件 $u(0,y) = u(\pi,y) = 0$ は自動的に成り立っているんです.確認してごらんなさい.この例題は,長方形の 4 辺上では指定された値になり,そしてその長方形の内部ではラプラス方程式 $\frac{\partial^2 u}{\partial x^2} + \frac{\partial^2 u}{\partial y^2} = 0$ をみたす関数 $u = u(x,y)$ を求める一般の問題 (**ディリクレ問題**) のひとつです.いまの場合,縦の 2 辺にあたる $x=0$ と $x=\pi$ 上で値 0 が指定されています.縦または横の 2 辺の上で値 0 が指定された場合は上のようにフーリエ正弦展開すれば,残る 2 つの境界条件で答えを求めることになります.

▶**演習 36**
(1)
$$\begin{cases} \dfrac{\partial^2 u}{\partial x^2} + \dfrac{\partial^2 u}{\partial y^2} = 0 \quad (0 < x < 1,\ 0 < y < 4) \\ u(0,y) = u(1,y) = 0, \quad u(x,0) = 0, \quad u(x,4) = a \end{cases}$$
をみたす解 $u = u(x,y)$ を求めよ.
(2)
$$\begin{cases} \dfrac{\partial^2 u}{\partial x^2} + \dfrac{\partial^2 u}{\partial y^2} = 0 \quad (0 < x < \pi,\ 0 < y < \pi) \\ u(0,y) = a, \quad u(\pi,y) = b, \quad u(x,0) = c, \quad u(x,\pi) = d \end{cases}$$
をみたす解 $u = u(x,y)$ を求めよ.
(3) 点 (a,b) は長方形領域 $\{(x,y) : 0 < x < \pi,\ 0 < y < \pi\}$ 内の定点とする.
$$\begin{cases} \dfrac{\partial^2 u}{\partial x^2} + \dfrac{\partial^2 u}{\partial y^2} = -k\delta_a(x)\delta_b(y) \quad (0 < x < \pi,\ 0 < y < \pi) \\ u(0,y) = 0, \quad u(\pi,y) = 0, \quad u(x,0) = u(x,\pi) = c_0 \end{cases}$$
をみたす解 $u = u(x,y)$ を求めよ (k は正の定数).

ただし記号 δ_r はディラックの**デルタ関数**とよばれる**記号**であり，それは微分の形で表した式

$$\delta_r(t) = \frac{du_r(t)}{dt}, \quad u_r(t) = \begin{cases} 1 & (t > r) \\ 0 & (t \leqq r) \end{cases}$$

で定義される．$r = 0$ のときは単に δ と表す．なお，デルタ関数 $\delta_r(t)$ は δ_r, $\delta(t-r)$ と表すことも多いので注意されたい．

Question それはおかしい，先生！ 関数 $u_r(t)$ はそもそも不連続だから微分できないでしょう？

T. 黙っておこうと思ってましたが，うん，よく気がつきましたね．あなたのいうとおりです．いまの場合は関数の微分ではなくて**超関数としての微分**なのですが，まあ**デルタ関数** δ_r **は関数** $u_r(t)$ **の形式的な導関数**と思ってください．文字どおり微分してはいけませんよ！ 以下の解答 (3) の計算の仕方をよく見てください．後の演習問題の中にもデルタ関数をとりあげたものがあります．$u_r(t)$ は**階段関数**とか**ヘビサイド関数**とよばれます．問題 (3) は電磁気現象を微分方程式で表現したもので，右辺の関数記号 $\delta_a(x)\delta_b(y)$ は点 (a, b) にのみ点電荷が存在していることを表しています．もともとデルタ関数は

$$\int_{-\infty}^{\infty} \delta(x)\, dx = 1, \quad \int_{-\infty}^{\infty} \phi(x)\delta(x)\, dx = \phi(0), \quad \delta(x) = \begin{cases} 0 & (x \neq 0) \\ \infty & (x = 0) \end{cases}$$

の性質をもつものとして物理学者ディラックによって初めて導入されたものです．工学系では

$$\int_b^a f(t)\delta_{t_0}(t)\, dt = \begin{cases} f(t_0) & (b < t_0 < a) \\ 0 & (t_0 \leqq b,\ a \leqq t_0) \end{cases}$$

が成立する関数として使われています．関数と名前がついていますが，数学的には関数ではありません．その合理的な解釈のため後に数学者シュワルツが超関数論 (Distribution Theory) を発明しました．さて，超関数ってなんですか？ と聞かれそうですが，それについてはレベルの高い数学の勉強が必要です．またの機会にします．

つぎは境界が円形のときの境界値問題について述べる．

要項
$$\begin{cases} \dfrac{\partial^2 u}{\partial x^2} + \dfrac{\partial^2 u}{\partial y^2} = 0 & (x^2 + y^2 < a^2\ (a > 0)) \\ x^2 + y^2 = a^2 \text{ のとき } u = f(x, y) \end{cases} \quad (5.15)$$

をみたす解 $u = u(x, y)$ は，極座標

を用いて (5.15) 式を書き直した

$$\begin{cases} \dfrac{\partial^2 u}{\partial r^2} + \dfrac{1}{r}\dfrac{\partial u}{\partial r} + \dfrac{1}{r^2}\dfrac{\partial^2 u}{\partial \theta^2} = 0 \quad (r < a) \\ u|_{r=a} = f(a\cos\theta, a\sin\theta) \end{cases} \quad (5.16)$$

$$\begin{cases} x = r\cos\theta \\ y = r\sin\theta \end{cases}$$

を解く．そのために，

(i) 関数 $f(a\cos\theta, a\sin\theta)$ を変数 θ についてフーリエ級数展開する：

$$f(a\cos\theta, a\sin\theta) = \frac{a_0}{2} + \sum_{n=1}^{\infty}(a_n\cos n\theta + b_n\sin n\theta),$$

$$a_n = \frac{1}{\pi}\int_0^{2\pi} f(a\cos\theta, a\sin\theta)\cos n\theta\, d\theta \quad (n \geqq 0),$$

$$b_n = \frac{1}{\pi}\int_0^{2\pi} f(a\cos\theta, a\sin\theta)\sin n\theta\, d\theta \quad (n \geqq 1).$$

(ii) 求める解 u を

$$u = a_0(r) + \sum_{n=1}^{\infty}\bigl(a_n(r)\cos n\theta + b_n(r)\sin n\theta\bigr)$$

(フーリエ級数展開した式) とおいて (5.16) 式に代入する．詳しく計算すると結局，解 u は

$$u = \frac{a_0}{2} + \sum_{n=1}^{\infty}\bigl(a_n\cos n\theta + b_n\sin n\theta\bigr)\left(\frac{r}{a}\right)^n \quad (5.17)$$

となる．

なお，(5.17) 式はつぎの積分形 (**ポワソン積分**という) にも表される：

$u(r\cos\theta, r\sin\theta)$

$$= \frac{1}{2\pi}\int_0^{2\pi} f(a\cos t, a\sin t)\frac{r^2 - a^2}{r^2 - 2ar\cos(t-\theta) + a^2}\, dt.$$

例題 38 [ラプラス方程式 2]

$$\begin{cases} \dfrac{\partial^2 u}{\partial x^2} + \dfrac{\partial^2 u}{\partial y^2} = 0 \quad (x^2+y^2 < a^2) \\ x^2+y^2 = a^2 \text{ のとき } u = c \text{ (定数)} \end{cases}$$

をみたす解 u を求めよ．

[解] フーリエ級数の係数を計算すると，

$$\frac{1}{\pi}\int_0^{2\pi} c\cdot \cos n\theta\, d\theta \quad (n\geqq 0) = \begin{cases} 2c & (n=0) \\ 0 & (n\geqq 1), \end{cases}$$

$$\frac{1}{\pi}\int_0^{2\pi} c\cdot \sin n\theta\, d\theta = 0 \quad (n\geqq 1).$$

よって

$$u = \frac{2c}{2} + \sum_{n=1}^\infty \bigl(0\cdot \cos n\theta + 0\cdot \sin n\theta\bigr)\left(\frac{r}{a}\right)^n = c. \quad\blacksquare$$

Question へーッ！ 円周上で一定になるラプラス方程式

$$\frac{\partial^2 u}{\partial x^2} + \frac{\partial^2 u}{\partial y^2} = 0$$

の解は，円の内部でもつねにその一定値になってしまう，ということですか．そしたら，円周の一部分で一定になるようなラプラス方程式の解はどうなるんですか？ 円の内部の一部分でやっぱりその一定値になるのとちがいますか？
T. うーん，そうなってくれたら面白いですがねー．そうはなりません．つぎの演習 (4) を解いてみてください．

▶**演習 37**

(1)
$$\begin{cases} \dfrac{\partial^2 u}{\partial x^2} + \dfrac{\partial^2 u}{\partial y^2} = 0 \quad (x^2+y^2 < 1) \\ x^2+y^2 = 1 \text{ のとき } u = 10\cos^2\theta \quad (x = \cos\theta) \end{cases}$$

をみたす解 $u = u(x,y)$ を求めよ．

(2)
$$\begin{cases} \dfrac{\partial^2 u}{\partial x^2} + \dfrac{\partial^2 u}{\partial y^2} = 0 \quad (x^2+y^2 < 1) \\ x^2+y^2 = 1 \text{ のとき } u = 4x^2 y - y \end{cases}$$

をみたす解 $u = u(x,y)$ を求めよ．

(3)* 応用問題：

$$\begin{cases} \dfrac{\partial^2 u}{\partial x^2} + \dfrac{\partial^2 u}{\partial y^2} = 0 \quad (x^2 + y^2 < a^2,\ 0 < y < x\tan\omega) \\ x^2 + y^2 = a^2\ (x = a\cos\theta,\ y = a\sin\theta)\ \text{のとき}\ u = f(\theta) \\ y = 0\ \text{のとき}\ u = 0 \\ y = x\tan\omega\ \text{のとき}\ u = 0 \end{cases}$$

をみたす解 u を求めよ.

(4) 半径 1 の円 $x^2 + y^2 = 1$ の内部でラプラス方程式をみたし，半円 $x^2 + y^2 = 1$, $y > 0$ 上で値 a を，半円 $x^2 + y^2 = 1$, $y < 0$ 上では値 b をとる解 u を求めよ．

5.6 初期値・境界値問題

本節では，**初期条件と境界条件のついた微分方程式**のなかから，前の要項と同様に**正弦展開**を用いる方法で解くことのできる，典型的な例をいくつかとりあげよう．まず，**両端の固定された長さ a の弦の振動**を数学的に表現した微分方程式のモデルを解いてみよう．

例題 39 ［1 次元波動方程式］

$$\begin{cases} \dfrac{\partial^2 u}{\partial t^2} - c^2 \dfrac{\partial^2 u}{\partial x^2} = 0 \quad (0 < x < a) \\ u(t, 0) = u(t, a) = 0 \\ u(0, x) = f(x),\quad \dfrac{\partial u}{\partial t}(0, x) = g(x) \end{cases}$$

をみたす解 $u = u(t, x)$ をフーリエ級数法によって求めよ．

[解] 関数 u, $f(x)$, $g(x)$ を区間 $(-a, 0)$ に奇関数拡張して正弦展開すると

$$u = \sum_{n=1}^{\infty} v_n(t) \sin\left(\frac{n\pi x}{a}\right),$$

$$f(x) = \sum_{n=1}^{\infty} \alpha_n \sin\left(\frac{n\pi x}{a}\right),\ \text{ただし}\ \alpha_n = \frac{2}{a} \int_0^a f(x) \sin\left(\frac{n\pi x}{a}\right) dx,$$

$$g(x) = \sum_{n=1}^{\infty} \beta_n \sin\left(\frac{n\pi x}{a}\right),\ \text{ただし}\ \beta_n = \frac{2}{a} \int_0^a g(x) \sin\left(\frac{n\pi x}{a}\right) dx$$

とおける．このとき

$$\frac{\partial^2 u}{\partial x^2} = -\sum_{n=1}^{\infty}\left(\frac{n\pi}{a}\right)^2 v_n(t)\sin\left(\frac{n\pi x}{a}\right), \quad \frac{\partial^2 u}{\partial t^2} = \sum_{n=1}^{\infty} v_n''(t)\sin\left(\frac{n\pi x}{a}\right)$$

だから

$$\sum_{n=1}^{\infty} v_n''(t)\sin\left(\frac{n\pi x}{a}\right) + c^2\sum_{n=1}^{\infty}\left(\frac{n\pi}{a}\right)^2 v_n(t)\sin\left(\frac{n\pi x}{a}\right) = 0,$$

すなわち,

$$\sum_{n=1}^{\infty}\left\{v_n''(t) + \left(\frac{cn\pi}{a}\right)^2 v_n(t)\right\}\sin\left(\frac{n\pi x}{a}\right) = 0$$

となる. そこで

$$v_n''(t) + \left(\frac{cn\pi}{a}\right)^2 v_n(t) = 0 \quad (n \geqq 1)$$

を解くと

$$v_n(t) = A_n \sin\left(\frac{cn\pi t}{a}\right) + B_n \cos\left(\frac{cn\pi t}{a}\right)$$

と表される. よって

$$u = \sum_{n=1}^{\infty}\left\{A_n \sin\left(\frac{cn\pi t}{a}\right) + B_n \cos\left(\frac{cn\pi t}{a}\right)\right\}\sin\left(\frac{n\pi x}{a}\right).$$

したがって

$$u(0,x) = \sum_{n=1}^{\infty} B_n \sin\left(\frac{n\pi x}{a}\right), \quad \frac{\partial u(0,x)}{\partial t} = \sum_{n=1}^{\infty} A_n \frac{cn\pi}{a}\sin\left(\frac{n\pi x}{a}\right).$$

ゆえに

$$\sum_{n=1}^{\infty} \alpha_n \sin\left(\frac{n\pi x}{a}\right) = \sum_{n=1}^{\infty} B_n \sin\left(\frac{n\pi x}{a}\right),$$

$$\sum_{n=1}^{\infty} \beta_n \sin\left(\frac{n\pi x}{a}\right) = \sum_{n=1}^{\infty} A_n \frac{cn\pi}{a}\sin\left(\frac{n\pi x}{a}\right).$$

そこで

$$\alpha_n = B_n, \quad \beta_n = A_n \frac{cn\pi}{a}$$

とおくと,

$$B_n = \alpha_n, \quad A_n = \frac{a\beta_n}{cn\pi}.$$

よって

$$u = \sum_{n=1}^{\infty}\left\{\alpha_n \cos\left(\frac{cn\pi t}{a}\right) + \frac{a\beta_n}{cn\pi}\sin\left(\frac{cn\pi t}{a}\right)\right\}\sin\left(\frac{n\pi x}{a}\right). \quad \blacksquare$$

Question あっ, おもいだした！ 前に似たような式解きましたね. べろだらん解… 違う, ダランベールの解でした, あのときの答えと全然ちがいますが, なんの関係もないんですか？

T. **ダランベールの解**から上記の答えが導かれます.

▶演習 38

(1)* (**変数分離法**)

$$\begin{cases} \dfrac{\partial^2 u}{\partial t^2} - c^2 \dfrac{\partial^2 u}{\partial x^2} = 0 & \text{(a)} \\ u(t,0) = (t,l) = 0 & \text{(b)} \\ u(0,x) = \dfrac{4h}{l^2} x(l-x), \quad \dfrac{\partial u}{\partial t}(0,x) = 0. & \text{(c)} \end{cases}$$

(i) (a), (b) をみたす 0 でない解 u を $u = X(x)Y(t)$ とおいて代入し $X(x)$, $Y(t)$ を求めよ.

(ii) (i) の解は無数に多くある. それらを u_n ($n = 1, 2, \cdots$) としたとき, $\sum_{n=1}^{\infty} u_n$ が (c) をみたすように u_n をきめよ.

(iii) (ii) で得られた $\sum_{n=1}^{\infty} u_n$ を求めよ.

(2) x 軸上の 2 点 $(0,0)$, $(l,0)$ の間に張った長さ l の弦の $x = a$ の点を高さ h だけもちあげて, 静かに放した. この弦の振動はどのようになるか.

(3) 両端の固定された長さ a の弦の上を, 一定の荷重 W が一定速度 v で移動する場合の振動を数学的に表現した微分方程式は

$$\begin{cases} \dfrac{\partial^2 u}{\partial t^2} - c^2 \dfrac{\partial^2 u}{\partial x^2} = W\delta_{vt}(x) \; (= W\delta(x-vt)) & (0 < x < a) \\ u(t,0) = u(t,a) = 0 \\ u(0,x) = 0, \quad \dfrac{\partial u}{\partial t}(0,x) = 0 \end{cases}$$

である. この微分方程式の解 $u = u(t,x)$ を求めよ.

(4) (均質で断面一様な真直はり (両端単純支持) の途中をつりあげていたひもが突然切れた. 「このはりはその後どう振動するか？」に関する微分方程式の例)

$$\begin{cases} \dfrac{\partial^2 u}{\partial t^2} + k^4 \dfrac{\partial^4 u}{\partial x^4} = 0 \quad (0 < x < a), \\ u(0,x) = f(x), \quad u_t(0,x) = 0, \\ u(t,0) = u_{xx}(t,x) = 0, \quad u(t,a) = u_{xx}(t,a) = 0 \end{cases}$$

を解け. ただし, $f''(x)$ は $0 \leqq x \leqq a$ で連続,

$$f^{(''''')}(x) = 0 \quad (0 \leqq x < b, \; b < x < a),$$
$$f(0) = f''(0) = f(a) = f''(a) = 0,$$
$$f'''(b-0) = f'''(b+0) - c \quad (b, c \text{ は定数})$$

をみたすとする.

(5) (「均質で断面一様な真直はり (両端単純支持) のある点 ($x = b$ の点) に力が加

わったときの振動はどうなるか？」に関する微分方程式の例)

$$\begin{cases} \dfrac{\partial^2 u}{\partial t^2} + k^4 \dfrac{\partial^4 u}{\partial x^4} = A\delta_b(x)\sin rt \quad (0 < x < a) \\ u(0,x) = 0, \quad u_t(0,x) = 0, \\ u(t,0) = u(t,a) = 0 \end{cases}$$

を解け．

注意 **デルタ関数**の表す意味を忘れたひとは前に説明した項目を参照のこと．

つぎに，**4隅の固定された長方形膜の振動**を数学的に表現した微分方程式のモデルについて述べる．

要項
$$\begin{cases} \dfrac{\partial^2 u}{\partial t^2} = c^2 \Big(\dfrac{\partial^2 u}{\partial x^2} + \dfrac{\partial^2 u}{\partial y^2} \Big) \quad (0 < x < a,\ 0 < y < b) \\ u(t,0,y) = u(t,a,y) = u(t,x,0) = u(t,x,b) = 0 \\ u(0,x,y) = f(x,y), \quad \dfrac{\partial u}{\partial t}(0,x,y) = g(x,y) \end{cases}$$

をみたす解 $u = u(t,x,y)$ を求めるには：

(i) 関数 $f(x,y)$, $g(x,y)$ を変数 x と変数 y について奇関数拡張して正弦展開する (**2重フーリエ級数**にすること)：
$f(x,y)$ は

$$f(x,y) = \sum_{n=1}^{\infty} \sum_{m=1}^{\infty} f_{nm} \sin\Big(\dfrac{n\pi x}{a}\Big) \sin\Big(\dfrac{m\pi y}{b}\Big)$$

となる．ただし，

$$f_{nm} = \dfrac{4}{ab} \int_0^a \int_0^b f(x,y) \sin\Big(\dfrac{n\pi x}{a}\Big) \sin\Big(\dfrac{m\pi y}{b}\Big) dxdy.$$

$g(x,y)$ は

$$g(x,y) = \sum_{n=1}^{\infty} \sum_{m=1}^{\infty} g_{nm} \sin\Big(\dfrac{n\pi x}{a}\Big) \sin\Big(\dfrac{m\pi y}{b}\Big)$$

となる．ただし，

$$g_{nm} = \dfrac{4}{ab} \int_0^a \int_0^b g(x,y) \sin\Big(\dfrac{n\pi x}{a}\Big) \sin\Big(\dfrac{m\pi y}{b}\Big) dxdy.$$

(ii) 解 u を
$$u = \sum_{n=1}^{\infty} \sum_{m=1}^{\infty} u_{nm}(t) \sin\left(\frac{n\pi x}{a}\right) \sin\left(\frac{m\pi y}{b}\right)$$
と表して微分方程式に代入する．$u_{nm}(t)$ に関する微分方程式が得られるので境界条件によって答えが求められる．

例題 40 [2 次元波動方程式]

$$\begin{cases} \dfrac{\partial^2 u}{\partial t^2} = \dfrac{\partial^2 u}{\partial x^2} + \dfrac{\partial^2 u}{\partial y^2} \quad (0 < x < \pi,\ 0 < y < \pi) \\ u(t,0,y) = u(t,\pi,y) = u(t,x,0) = u(t,x,\pi) = 0 \\ u(0,x,y) = x, \quad \dfrac{\partial u}{\partial t}(0,x,y) = y \end{cases}$$

をみたす解 $u = u(t,x,y)$ をフーリエ級数法を用いて求めよ．

[解] $\dfrac{4}{\pi^2} \int_0^{\pi} \int_0^{\pi} x \cdot \sin nx \sin my \, dxdy = \dfrac{4(-1)^{n+1}\{1-(-1)^m\}}{nm\pi}$.

したがって
$$x = 4 \sum_{n=1}^{\infty} \sum_{m=1}^{\infty} \frac{(-1)^{n+1}\{1-(-1)^m\}}{nm\pi} \sin nx \sin my.$$

また，
$$\frac{4}{\pi^2} \int_0^{\pi} \int_0^{\pi} y \cdot \sin nx \sin my \, dxdy = \frac{4(-1)^{m+1}\{1-(-1)^n\}}{nm\pi}.$$

したがって
$$y = 4 \sum_{n=1}^{\infty} \sum_{m=1}^{\infty} \frac{(-1)^{m+1}\{1-(-1)^n\}}{nm\pi} \sin nx \sin my.$$

さて，
$$u = \sum_{n=1}^{\infty} \sum_{m=1}^{\infty} u_{nm}(t) \sin nx \sin my$$

とおいて微分方程式に代入すると
$$\sum_{n=1}^{\infty} \sum_{m=1}^{\infty} \left\{ u_{nm}''(t) + (n^2+m^2)u_{nm} \right\} \sin nx \sin my = 0.$$

そこで
$$u_{nm}''(t) + (n^2+m^2)u_{nm} = 0 \quad (n,m \geq 1)$$

を解くと
$$u_{nm}(t) = A_{nm}\cos\left(\sqrt{n^2+m^2}\,t\right) + B_{nm}\sin\left(\sqrt{n^2+m^2}\,t\right)$$
と表される．ゆえに
$$u = \sum_{n=1}^{\infty}\sum_{m=1}^{\infty}\left\{A_{nm}\cos\left(\sqrt{n^2+m^2}\,t\right) + B_{nm}\sin\left(\sqrt{n^2+m^2}\,t\right)\right\}\sin nx \sin my.$$
このとき，
$$\frac{\partial u}{\partial t} = \sum_{n=1}^{\infty}\sum_{m=1}^{\infty}\sqrt{n^2+m^2}\left\{-A_{nm}\sin\left(\sqrt{n^2+m^2}\,t\right)\right.$$
$$\left. + B_{nm}\cos\left(\sqrt{n^2+m^2}\,t\right)\right\}\sin nx \sin my.$$
したがって，初期条件より
$$\sum_{n=1}^{\infty}\sum_{m=1}^{\infty}A_{nm}\sin nx \sin my = 4\sum_{n=1}^{\infty}\sum_{m=1}^{\infty}\frac{(-1)^{n+1}\{1-(-1)^m\}}{nm\pi}\sin nx \sin my,$$
$$\sum_{n=1}^{\infty}\sum_{m=1}^{\infty}\sqrt{n^2+m^2}\,B_{nm}\sin nx \sin my$$
$$= 4\sum_{n=1}^{\infty}\sum_{m=1}^{\infty}\frac{(-1)^{m+1}\{1-(-1)^n\}}{nm\pi}\sin nx \sin my.$$
ゆえに
$$A_{nm} = \frac{4(-1)^{n+1}\{1-(-1)^m\}}{nm\pi}, \quad B_{nm} = \frac{4(-1)^{m+1}\{1-(-1)^n\}}{nm\pi\sqrt{n^2+m^2}}.$$
よって
$$u = \frac{4}{\pi}\sum_{n=1}^{\infty}\sum_{m=1}^{\infty}\left\{\frac{(-1)^{n+1}\{1-(-1)^m\}}{nm}\cos\left(\sqrt{n^2+m^2}\,t\right)\right.$$
$$\left. + \frac{(-1)^{m+1}\{1-(-1)^n\}}{nm\sqrt{n^2+m^2}}\sin\left(\sqrt{n^2+m^2}\,t\right)\right\}\sin nx \sin my. ∎$$

▶演習 39

(1)* $0 < x < a$, $0 < y < b$ で定義された，以下の (i)〜(iii) の関数 $f(x,y)$ の (要項にある形の) 2 重フーリエ級数を求めよ．

(i) $f(x,y) = c$． (ii) $f(x,y) = x+y$． (iii) $f(x,y) = xy$．

(2)*
$$\begin{cases} \dfrac{\partial^2 u}{\partial t^2} = \dfrac{\partial^2 u}{\partial x^2} + \dfrac{\partial^2 u}{\partial y^2} & (0 < x < \pi,\ 0 < y < \pi) \\ u(t,0,y) = u(t,\pi,y) = u(t,x,0) = u(t,x,\pi) = 0 \\ u(0,x,y) = \sin x \sin 2y, \quad \dfrac{\partial u}{\partial t}(0,x,y) = 0 \end{cases}$$

をみたす解 $u = u(t, x, y)$ を求めよ．

Memo　周囲の固定された円形膜の振動を表す微分方程式のモデル

$$\frac{\partial^2 u}{\partial t^2} = c^2 \Big(\frac{\partial^2 u}{\partial x^2} + \frac{\partial^2 u}{\partial y^2}\Big) \qquad (x^2 + y^2 < a^2)$$

を取り扱う場合は以下のようにする：まず，極座標を用いてこの方程式をかきなおすと，上式は

$$\frac{\partial^2 u}{\partial t^2} = c^2 \Big(\frac{\partial^2 u}{\partial r^2} + \frac{1}{r}\frac{\partial u}{\partial r} + \frac{1}{r^2}\frac{\partial^2 u}{\partial \theta^2}\Big) \qquad (r < a) \tag{5.18}$$

となる．そこで，微分方程式 (5.18) を初期条件

$$u(0, x, y) = f(r), \quad \frac{\partial u}{\partial t}(0, x, y) = g(r) \qquad (r = \sqrt{x^2 + y^2})$$

のもとで解く．このためには深い数学の知識を必要とする．

　最後に，棒に熱源があるとき，その熱の伝播を表す微分方程式のモデルをとりあげよう．

例題 41 [熱伝導方程式]

$$\begin{cases} \dfrac{\partial u}{\partial t} = \dfrac{\partial^2 u}{\partial x^2} & (0 < x < \pi) \\ u(0, x) = a \sin 2x \\ u(t, 0) = (t, \pi) = 0 \end{cases}$$

をみたす解 $u = u(t, x)$ をフーリエ級数法によって求めよ．

[解]
$$u = \sum_{n=1}^{\infty} u_n(t) \sin nx$$

とおいて微分方程式に代入すると

$$\sum_{n=1}^{\infty} \Big(u_n'(t) + n^2 u_n(t)\Big) \sin nx = 0$$

となる．そこで，$u_n'(t) + n^2 u_n(t) = 0 \ (n \geq 1)$ を解くと

$$u_n(t) = C_n e^{-n^2 t}.$$

ゆえに
$$u = \sum_{n=1}^{\infty} C_n e^{-n^2 t} \sin nx.$$
したがって，初期条件より
$$\sum_{n=1}^{\infty} C_n \sin nx = a \sin 2x. \qquad \therefore \quad C_n = \begin{cases} 0 & (n \neq 2) \\ a & (n = 2). \end{cases}$$
よって
$$u = ae^{-4t} \sin 2x. \qquad \blacksquare$$

要項
$$\begin{cases} \dfrac{\partial u}{\partial t} = c^2 \dfrac{\partial^2 u}{\partial x^2} & (0 < x < a) \\ u(0, x) = f(x) \\ u(t, 0) = u(t, a) = 0 \end{cases}$$

をみたす解 $u = u(t, x)$ の求め方．

(i) 関数 $f(x)$ を正弦展開する：
$$f(x) = \sum_{n=1}^{\infty} b_n \sin\left(\frac{n\pi x}{a}\right), \qquad b_n = \frac{2}{a} \int_0^a f(x) \sin\left(\frac{n\pi x}{a}\right) dx.$$

(ii)
$$u = \sum_{n=1}^{\infty} u_n(t) \sin\left(\frac{n\pi x}{a}\right)$$

とおいて微分方程式に代入する．

詳しく計算すれば，結局 u は
$$u = \sum_{n=1}^{\infty} b_n \exp\left\{-\left(\frac{cn\pi}{a}\right)^2 t\right\} \sin\left(\frac{n\pi x}{a}\right)$$
となる．

考察 この初期値・境界値問題は，「両端の温度がつねに 0°C に保たれている棒の熱の伝わり方はどうなるか」に関する問題である．上記の答えをみると，時間に関係する関数
$$\exp\left\{-\left(\frac{cn\pi}{a}\right)^2 t\right\}$$
はつねに正となっている．ということは，棒のどの点においても熱が瞬時に伝

わっていることを示していることがわかる．

Question 両端の温度が $0°\mathrm{C}$ に保たれていない場合はどうなるんですか？

T. いい質問ですね．そこで，両端の温度がつねに一定に保たれている場合の問題を解いてみましょう．

例題
$$\begin{cases} \dfrac{\partial u}{\partial t} = c^2 \dfrac{\partial^2 u}{\partial x^2} & (0 < x < a) \\ u(0, x) = f(x) \\ u(t, 0) = A, \quad u(t, a) = B \quad (A, B：定数) \end{cases}$$

をみたす解 $u = u(t, x)$ を求めよ．

解答 $u = v(x, t) + w(x)$ とおく．ここで関数 $w(x)$ は $w(0) = A, w(a) = B$ をみたす 1 次式である．したがって $w(x) = \dfrac{B-A}{a}x + A$．このとき，もとの式は

$$\begin{cases} \dfrac{\partial v}{\partial t} = c^2 \dfrac{\partial^2 v}{\partial x^2} \\ v(0, x) = f(x) - w(x) \\ v(t, 0) = 0, \quad v(t, a) = 0 \end{cases}$$

となる．これは，両端の温度がつねに 0 の未知関数 v に関する熱伝導方程式だから，要項の方法で v は解き表される．ゆえにこれより u が求められる．∎

さて質問外のことですが，(長さ a の棒の) 両端がつねに断熱されている場合はどうなるでしょうか？ 両端がつねに断熱されていることは，関数 $\dfrac{\partial}{\partial x}u(t, x)$ の $x = 0, a$ における値が 0，$u_x(t, 0) = u_x(t, a) = 0$ を意味します．だから

$$\begin{cases} \dfrac{\partial u}{\partial t} = c^2 \dfrac{\partial^2 u}{\partial x^2} & (0 < x < a) \\ u(0, x) = f(x) \\ u_x(t, 0) = u_x(t, a) = 0 \end{cases}$$

をみたす解 $u = u(t, x)$ を求めることになりますね．その解法の筋道を以下に記しましょう：

$$u = u_0(t) + \sum_{n=1}^{\infty} \left\{ u_n(t) \sin\left(\dfrac{n\pi x}{a}\right) + v_n(t) \cos\left(\dfrac{n\pi x}{a}\right) \right\}$$

とおいて微分方程式に代入すると

$$u_0'(t) + \sum_{n=1}^{\infty} \left\{ (u_n'(t) + k^2 u_n(t)) \sin\left(\dfrac{n\pi x}{a}\right) + (v_n'(t) + k^2 v_n(t)) \cos\left(\dfrac{n\pi x}{a}\right) \right\} = 0$$

$$\left(\text{ただし } k = \dfrac{cn\pi}{a} \right).$$

そこで
$$u'_0(t) = u'_n(t) + k^2 u_n(t) = v'_n(t) + k^2 v_n(t) = 0$$
を解くと，
$$u = C + \sum_{n=1}^{\infty} \left\{ A_n e^{-k^2 t} \sin\left(\frac{n\pi x}{a}\right) + B_n e^{-k^2 t} \cos\left(\frac{n\pi x}{a}\right) \right\}.$$

ゆえに $\dfrac{\partial}{\partial x} u(t, 0) = \dfrac{\partial}{\partial x} u(t, a) = 0$ より $A_n = 0$ $(n \geqq 1)$. また, $u(0, x) = f(x)$ より $f(x) = C + \sum_{n=1}^{\infty} B_n \cos\left(\dfrac{n\pi x}{a}\right)$. したがって (以下の $f(x)$ は $f(x)$ の偶関数拡張),

$$C = \frac{1}{2a} \int_{-a}^{a} f(x) dx, \qquad B_n = \frac{1}{a} \int_{-a}^{a} f(x) \cos\left(\frac{n\pi x}{a}\right) dx$$

となる．よって，
$$u = \frac{1}{2a} \int_{-a}^{a} f(x) dx + \sum_{n=1}^{\infty} \left(\frac{1}{a} \int_{-a}^{a} f(x) \cos\left(\frac{n\pi x}{a}\right) dx \right) e^{-k^2 t} \cos\left(\frac{n\pi x}{a}\right). \blacksquare$$

5.7 解法補足（ラプラス変換・ラプラス逆変換）

ラプラス変換を用いる解法について以下に述べよう．

定義 5.3 $t \geqq 0$ で定義された関数 $f(t)$ に対して

$$F(s) \equiv \int_0^{\infty} f(t) e^{-st} dt \qquad (s > 0)$$

で表された関数 $F(s)$ を関数 $f(t)$ の**ラプラス変換** (6章) という．

$$F(s) = \mathcal{L}(f(t)) \quad \text{または} \quad F(s) = \mathcal{L}(f)$$

とも表す． ∎

基本公式

$f(t)$	1	t^n	e^{at}	$\cos at$	$\sin at$
$\mathcal{L}(f(t))$	$\dfrac{1}{s}$	$\dfrac{n!}{s^{n+1}}$	$\dfrac{1}{s-a}$	$\dfrac{s}{s^2+a^2}$	$\dfrac{a}{s^2+a^2}$
$f(t)$	$\cosh at$ $(a>0)$		$\sinh at$ $(a>0)$		t^a $(a>0)$
$\mathcal{L}(f(t))$	$\dfrac{s}{s^2-a^2}$		$\dfrac{a}{s^2-a^2}$		$\dfrac{\Gamma(a+1)}{s^{a+1}}$

重要 $\overset{\text{ガンマ}}{\Gamma}$ はガンマ関数を表す記号で,

$$\text{正数 } s \text{ に対して} \quad \Gamma(s) = \int_0^\infty x^{s-1} e^{-x}\, dx$$

と定義される.ガンマ関数は応用上非常に重要な関数である.

基本性質

$f(t)$	$af(t)$	$f(t) + g(t)$	$f(at)$
$\mathcal{L}(f(t))$	$a\mathcal{L}(f(t))$	$\mathcal{L}(f(t)) + \mathcal{L}(g(t))$	$\dfrac{1}{a}F\left(\dfrac{s}{a}\right)$
$f(t)$	$\mathbf{1}(t-a)$	$e^{at}f(t)$	$\mathbf{1}(t-a)f(t-a)$
$\mathcal{L}(f(t))$	$\dfrac{e^{-as}}{s}$	$F(s-a)$	$e^{-as}\mathcal{L}(f(t))$

なお,$\mathbf{1}(t-a)$ $(a \geqq 0)$ は**階段関数**を表す記号 ($\mathbf{1}_a(t)$ とも表す) で,次のように定義する:

$$\mathbf{1}(t-a) = \begin{cases} 0 & (t \leqq a) \\ 1 & (a < t). \end{cases}$$

定義 5.4 関数 $F(s)$ が与えられたとき,ラプラス変換すれば $F(s)$ になる関数を $F(s)$ の**ラプラス逆変換**といって

$$\mathcal{L}^{-1}(F(s)) \quad \text{または} \quad \mathcal{L}^{-1}(F)$$

で表す. ∎

基本公式

$F(s)$	$\dfrac{1}{s}$	$\dfrac{n!}{s^{n+1}}$	$\dfrac{1}{s-a}$	$\dfrac{s}{s^2+a^2}$	$\dfrac{a}{s^2+a^2}$
$\mathcal{L}^{-1}(F(s))$	1	t^n	e^{at}	$\cos at$	$\sin at$
$F(s)$		$\dfrac{s}{s^2-a^2}$		$\dfrac{a}{s^2-a^2}$	$\dfrac{\Gamma(a+1)}{s^{a+1}}$
$\mathcal{L}^{-1}(F(s))$		$\cosh at\ (a>0)$		$\sinh at\ (a>0)$	$t^a\ (a>0)$

基本性質

$F(s)$	$\mathcal{L}(f(t)) \cdot \mathcal{L}(g(t))$
$\mathcal{L}^{-1}(F(s))$	$f(t) * g(t)$

$f(t)$	$f(t) * g(t)$
$\mathcal{L}(f(t))$	$\mathcal{L}(f(t)) \cdot \mathcal{L}(g(t))$

重要　なお，関数 $f(t) * g(t)$ は**合成積**(**たたみこみ**ともいう)を表す記号で，

$$f(t) * g(t) = \int_0^t f(x)g(t-x)\,dx$$

と定義する．

導関数のラプラス変換公式 (6 章)

$$\mathcal{L}(y^{(n)}(t)) = s^n \mathcal{L}(y(t)) - s^{n-1}y(0) - s^{n-2}y'(0) - \cdots \\ - sy^{(n-2)}(0) - y^{(n-1)}(0).$$

注意　以上の公式は無条件で成立するわけではない．**一定の条件のもとで成り立つ**．その条件については次の 6 章を参照されたい．

例題 42 [適用例 1] ―――――――――――――――

関数 $f(t)$ を

$$f(t) = \begin{cases} 1 & (0 \leqq t < 2) \\ 2 & (2 < t < 3) \\ 0 & (3 < t) \end{cases}$$

とする．$f(t)$ のラプラス変換を求めよ．

――――――――――――――――――――――

[解]　　$f(t) = \{1 - \mathbf{1}(t-2)\} + 2\{\mathbf{1}(t-2) - \mathbf{1}(t-3)\}$.
　　　　　　$= 1 + \mathbf{1}(t-2) - 2 \cdot \mathbf{1}(t-3)$.

$\therefore \quad \mathcal{L}(f(t)) = \mathcal{L}(1) + \mathcal{L}(\mathbf{1}(t-2)) - 2\mathcal{L}(\mathbf{1}(t-3))$
$\qquad\qquad = \dfrac{1}{s} + \dfrac{e^{-2s}}{s} - 2\dfrac{e^{-3s}}{s} = \dfrac{1 + e^{-2s} - 2e^{-3s}}{s}$. ∎

例題 43 ［適用例 2］

微分方程式

$$y'' - 2y' - 3y = 0, \quad y(0) = 0, \quad y'(0) = 1$$

をみたす解 $y = y(t)$ を求めよ．

［解］
$$\mathcal{L}(y'' - 2y' - 3y) = \mathcal{L}(0).$$
$$\therefore \quad \mathcal{L}(y'') - 2\mathcal{L}(y') - 3\mathcal{L}(y) = 0.$$

したがって
$$\left(s^2 \mathcal{L}(y) - sy(0) - y'(0)\right) - 2\left(s\mathcal{L}(y) - y(0)\right) - 3\mathcal{L}(y) = 0.$$

よって $Y = \mathcal{L}(y)$ とおくと
$$(s^2 Y - 1) - 2sY - 3Y = 0.$$
$$\therefore \quad Y = \frac{1}{s^2 - 2s - 3} = \frac{1}{(s-3)(s+1)} = \frac{1}{4}\left\{\frac{1}{s-3} - \frac{1}{s-(-1)}\right\}.$$

よって
$$y = \mathcal{L}^{-1}(Y) = \frac{1}{4}\left\{\mathcal{L}^{-1}\left(\frac{1}{s-3}\right) - \mathcal{L}^{-1}\left(\frac{1}{s-(-1)}\right)\right\} = \frac{1}{4}(e^{3t} - e^{-t}). \quad ∎$$

例題 44 ［適用例 3］

微分方程式

$$y'' + y = \sin t, \quad y(0) = y'(0) = 0$$

をみたす解 $y = y(t)$ を求めよ．

［解］
$$\mathcal{L}(y'' + y) = \mathcal{L}(\sin t).$$
$$\therefore \quad \mathcal{L}(y'') + \mathcal{L}(y) = \frac{1}{s^2 + 1}.$$
$$\therefore \quad \left(s^2 \mathcal{L}(y) - sy(0) - y'(0)\right) + \mathcal{L}(y) = \frac{1}{s^2 + 1}.$$

したがって $Y = \mathcal{L}(y)$ とおくと
$$s^2 Y + Y = \frac{1}{s^2 + 1}.$$

ゆえに
$$Y = \frac{1}{(s^2+1)^2} = \frac{1}{s^2+1} \cdot \frac{1}{s^2+1}.$$
よって
$$y = \mathcal{L}^{-1}(Y) = \mathcal{L}^{-1}\left(\frac{1}{s^2+1}\right) * \mathcal{L}^{-1}\left(\frac{1}{s^2+1}\right) = \sin t * \sin t$$
$$= \int_0^t \sin x \sin(t-x)\, dx = \frac{\sin t - t \cos t}{2}.$$

▶ **演習 40** 例題 15 の問題をラプラス変換・ラプラス逆変換を用いて解いてみよ．

6章 定　理

　3章で述べたような理由で，4章，5章も証明なしで解法の説明に徹した．ここで4章，5章の根拠となる基本定理のなかからいくつかを記す．3章と同様に一定の予備知識が必要である．微積分学 (解析学) の幅広い知識とそれに裏打ちされた確実な計算力が身についていることが要求される．

　偏微分方程式に関しても，3章で記したような解の存在と一意性についての一般的な定理はもちろんあるが，その記述は本書のレベルを超える．意欲のある人はさらに進んで学ばれたい．どんな本を読めばよいか？ 偏微分方程式論と書かれてある数学書またその本の後書きに記されてある他書を学ばれるとよい．努力を惜しまぬ人には門は自然と開かれ大きな道が現れてくる．また同行者も現れるだろう．それに従うのみである．

6.1　フーリエ級数の収束について

> **関数が連続という条件だけではそのフーリエ級数が収束するとは限らない．**

$x \in [-\pi, \pi]$ をみたすある値 x_0 に対しては，$N \to \infty$ のとき

$$\frac{a_0}{2} + \sum_{n=1}^{N} \left(a_n \cos nx_0 + b_n \sin nx_0 \right)$$

が発散するように，$[-\pi, \pi]$ で連続な関数 $f(x)$ をつくることができることが知られている．

　フーリエ級数の収束に関して (予備知識を要するので難しい表現になるが) 以下の定理をあげておく：

> **定理 F**　関数 $f(x)$ は区間 $[-\pi, \pi]$ で**有界変分関数 (単調増加関数の差で表される関数のこと)** とする．このとき，
> 　(i) $x \in (-\pi, \pi)$ をみたすすべての x に対して

$$\lim_{N \to \infty} \left\{ \frac{a_0}{2} + \sum_{n=1}^{N} \left(a_n \cos nx + b_n \sin nx \right) \right\} = \frac{f(x+0) + f(x-0)}{2}.$$

(ii) 関数 $f(x)$ がさらに区間 (a, b) ($\subset [-\pi, \pi]$) で連続ならば，(a, b) に含まれるどんな区間 $(a+r, b-r)$ においても，$N \to \infty$ のとき

$$\frac{a_0}{2} + \sum_{n=1}^{N} \left(a_n \cos nx + b_n \sin nx \right)$$

は $f(x)$ に**一様収束する**.

定理 G 関数 $f(x)$ は区間 $[-\pi, \pi]$ で**絶対可積分** ($|f(x)|$ が**リーマン積分可能なこと**) とする．このとき，$x \in (-\pi, \pi)$ をみたすすべての x に対して

$$f(x) = \lim_{N \to \infty} \left\{ \frac{a_0}{2} + \sum_{n=1}^{N} \left(a_n \cos nx + b_n \sin nx \right) \right\}$$

となるための必要十分条件は，どんな正数 δ に対しても

$$\lim_{N \to \infty} \int_0^{\delta} \frac{f(x+y) + f(x-y) - 2f(x)}{y} \sin Ny \, dy = 0$$

が成り立つことである．

注意
$$\lim_{N \to \infty} \left\{ \frac{a_0}{2} + \sum_{n=1}^{N} \left(a_n \cos nx + b_n \sin nx \right) \right\}$$

が存在するとき

$$\frac{a_0}{2} + \sum_{n=1}^{\infty} \left(a_n \cos nx + b_n \sin nx \right) = \lim_{N \to \infty} \left\{ \frac{a_0}{2} + \sum_{n=1}^{N} \left(a_n \cos nx + b_n \sin nx \right) \right\}$$

と書く.

さて，
$$\sum_{n=1}^{\infty} \left(\alpha_n \cos nx + \beta_n \sin nx \right)$$

の形の級数 (フーリエ級数もその一つ) の**微分可能性**についてはつぎの定理がある：

定理 H　つぎの条件をみたす正数 C, r と自然数 N があると仮定する．すなわち，ある番号から先のすべての整数 n に対して

$$|\alpha_n| \leqq \frac{C}{n^{1+r+N}}, \quad |\beta_n| \leqq \frac{C}{n^{1+r+N}}.$$

このとき，級数

$$\sum_{n=1}^{\infty} \left(\alpha_n \cos nx + \beta_n \sin nx \right)$$

は **N 回まで微分可能な関数**で，しかもその微分は

$$\frac{d^k}{dx^k}\left(\sum_{n=1}^{\infty} \alpha_n \cos nx + \beta_n \sin nx \right) = \sum_{n=1}^{\infty} \frac{d^k}{dx^k}\left(\alpha_n \cos nx + \beta_n \sin nx \right)$$

$$(k = 1, 2, \cdots, N)$$

と計算できる (**項別微分できる**ということ)．

　フーリエ級数は**フーリエ変換**へ発展する (つぎに記すラプラス変換とも関連する)．それに関しては**フーリエ解析**という書名の数学書を調べて学ばれたい．読み通すにはやはり微積分学の幅広い素養 (と場合によっては関数解析の知識) が必要となる．

6.2　ラプラス変換の存在について

　関数 $f(t)$ のラプラス変換

$$\int_0^{\infty} f(t) e^{-st}\, dt \qquad (s > 0)$$

は

$$\lim_{a \to \infty} \int_0^a f(t) e^{-st}\, dt$$

が存在するとき，その値 (広義積分) を表す．したがって，どんな関数に対してもラプラス変換が存在する，ということではない．ではどんな条件があればよいのだろう？　つぎの定理がある:

> **定理 I**　$f(t)$ $(t \geqq 0)$ はどんな区間 $[a,b]$ $(0 < a < b < \infty)$ においても**区分的に連続な関数**とする．さらに，適切に定数 C, γ をとると，どんな負でない数 t に対しても
> $$|f(t)| \leqq Ce^{\gamma t}$$
> が成り立つとする．このとき，「$s > \gamma$ をみたすどんな s に対しても関数 $f(t)$ のラプラス変換が存在する．」

Memo　連続な関数は区分的に連続な関数である．ところで関数が**区分的に連続な関数**であるとはつぎの意味である．

「区間 $[a,b]$ で定義された関数 $f(t)$ は，高々（あったとしても，という意味）有限個の点 $a_1, a_2, \cdots, a_m$ $(a \leqq a_1 < a_2 < \cdots < a_m \leqq b)$ を除いて連続で，しかも $f(a_1 \pm 0), f(a_2 \pm 0), \cdots, f(a_m \pm 0)$ が有限な値（ただし $a_1 = a$ のときは $f(a_1 + 0)$ が，$a_m = b$ のときは $f(a_m - 0)$ が有限な値）になるとき，$f(t)$ は $[a,b]$ で**区分的に連続な関数**であるという．」
大ざっぱに言えば，関数 $y = f(x)$ のグラフはいくつかの点を除いてつながっている，ということである．

6.3　導関数のラプラス変換公式について

変換公式は無条件では成り立たない．ではそれが成り立つ条件は？というと，つぎの定理がある：

> **定理 J**　$f(t), f'(t), f''(t), \cdots, f^{(n-1)}(t)$ $(t \geqq 0)$ は連続で，$f^{(n)}(t)$ はどんな区間 $[a,b]$ $(0 < a < b < \infty)$ でも区分的に連続な関数とする．さらに，適切に定数 C, γ をとると，どんな負でない数 t に対しても
> $$|f^{(k)}(t)| \leqq Ce^{\gamma t} \qquad (k = 0, 1, \cdots, n-1)$$
> が成り立つとする．
> このとき $s > \gamma$ をみたすどんな s に対しても関数 $f^{(n)}(t)$ のラプラス変換が存在して

$$\mathcal{L}(f^{(n)}(t)) = s^n \mathcal{L}(f(t)) - s^{n-1}f(0) - s^{n-2}f'(0) - \cdots$$
$$- sf^{(n-2)}(0) - f^{(n-1)}(0).$$

6.4 ガンマ関数に関して

最後に，**ガンマ関数**

$$\Gamma(s) = \int_0^\infty x^{s-1} e^{-x}\, dx \qquad (s > 0)$$

に関するいくつかの重要公式を記そう．

(1) $\quad \Gamma\left(\dfrac{1}{2}\right) = \sqrt{\pi}.$

(1′) $\quad \displaystyle\int_0^\infty e^{-x^2}\, dx = \dfrac{\Gamma\left(\dfrac{1}{2}\right)}{2} = \dfrac{\sqrt{\pi}}{2}.$

(2) $\quad \Gamma(s+1) = s\Gamma(s).$

(3) $\quad \Gamma(n) = (n-1)! \qquad (n = 1, 2, \cdots).$

(4) $\quad \displaystyle\int_0^{\frac{\pi}{2}} \sin^p x \cos^q x\, dx = \dfrac{\Gamma\left(\dfrac{p+1}{2}\right)\Gamma\left(\dfrac{q+1}{2}\right)}{2\,\Gamma\left(\dfrac{p+q}{2}+1\right)} \qquad (p > -1,\ q > -1).$

例
$$\int_0^{\frac{\pi}{2}} \sin^4 x \cos^6 x\, dx = \frac{1}{2} \frac{\Gamma\left(\frac{5}{2}\right)\Gamma\left(\frac{7}{2}\right)}{\Gamma(6)}$$
$$= \frac{1}{2} \frac{\frac{3}{2}\frac{1}{2}\Gamma\left(\frac{1}{2}\right) \cdot \frac{5}{2}\frac{3}{2}\frac{1}{2}\Gamma\left(\frac{1}{2}\right)}{5!} = \frac{3\pi}{2^9}. \qquad \blacksquare$$

T. これで授業を終わります．Aさん，後半はすこし駆け足ではしりすぎでしたね．説明が断片的で申しわけありません．もうすこし題材を増やして具体的な問題をとり扱えばよかったのですが時間がありませんでした．工学部の専門科目のなかにそのような問題がたくさんとり扱われています．そちらで勉強してください．専門科目の理解の一助になればさいわいです．

A. 先生，難しかったです．でもこれを励みに専門科目がんばります．わからないところがでてきたら，また先生のところに質問にきますのでその節はよろしくお願いします．では先生さようなら！

終わりに一言．

なにを取捨選択するかの著者の迷いの結果，以上で見られたような形のテキストに収束した．数学の苦手な人には苦痛，得意な人には不満の残る本であったかもしれない．著者の浅学非才を詫びたい．高価ではあるが全能の神的能力をもつ数学計算ソフトの存在を考えれば，ここで紹介した解法展示は，無価値な骨董品の陳列になったのではないか．新世紀の大波・荒波にもまれている青年たちには，解法の展示ではなくそこに至るまでに使われた道具・思想としての数学を，著者が先達から伝えられたまま，オーソドックスに伝えるべきではなかったか… 著者の想いは種々交錯する．

ともあれ皆さんの御研鑽を願い一層の御活躍を祈念します．では皆さん，Bon voyage!

演習問題の略解

演習 1

(1) $y = \sin(x+C)$ とおくと $y' = \cos(x+C)$. ∴ $y'^2 + y^2 = 1$.

(2) $y' = C_1 e^x - C_2 e^{-x}$, $y'' = C_1 e^x + C_2 e^{-x}$. ∴ $y'' - y = 0$.

(3) $y' = C_2 e^x + (C_1 + C_2 x)e^x$, $y'' = 2C_2 e^x + (C_1 + C_2 x)e^x$. したがって $y'' = 2C_2 e^x + y$, $y' = C_2 e^x + y$. したがって $y'' - 2y' + y = 0$.

(4) 全微分すれば $d(x^2 + y^2) = 0$, $dx^2 + dy^2 = 0$, $\dfrac{dx^2}{dx}dx + \dfrac{dy^2}{dy}dy = 0$. したがって $x\,dx + y\,dy = 0$.

(5) 与式を x で微分して $x + 2yy' = 0$. 条件より, この式の y' を $-\dfrac{1}{y'}$ でおきかえて $x - \dfrac{2y}{y'} = 0$. すなわち $xy' - 2y = 0$.

(6) 問題文の意味は, 陰関数表示になっている与式 $x^2 - xy + y^2 = C^2$ をみたす y が $(x - 2y)y' = 2x - y$ をみたすことを示せ, ということ.

実際, 与式を x で微分して $2x - y - xy' + 2yy' = 0$, したがって, たしかに $(x-2y)y' = 2x-y$ となる.

(7) (i) $\dfrac{d\theta}{dt} = \dfrac{-2r}{x\sqrt{x^2 - r^2}}\dfrac{dx}{dt}$. 　　(ii) $x = \sqrt{r^2 + \dfrac{t^2}{4r^2}}$.

(iii) $x \to \infty$ に注意. $\dfrac{1}{2r}$.

(8) $f'(x) = -\sqrt{\dfrac{f(x)}{x}}$.

(9) $f'(t) = \dfrac{1}{\sqrt{5}} f(t)(4 - 2f(t))$, $g'(t) = -\dfrac{2}{\sqrt{5}}(2g(t) - 1)$.

(10) $\{f'(x)\}^2 + xf'(x) - f(x) + 1 = 0$.

(11) $r'(t) = r(t)$, $\theta'(t) = 1$.

(12) $x'(t) = -x(t) + 2$.

(13) (i) R$\left(x + \dfrac{yy'}{2}, \dfrac{y}{2}\right)$. 　　(ii) $y^2 - 2yy' = 4x$. 　　(iii) $z' = -4xe^{-x}$.

演習 2

(1) $y_1(x) = 1$, $y_2(x) = \displaystyle\int_0^x (t + y_1(t))\,dt + 1 = \int_0^x (t+1)\,dt + 1 = \dfrac{x^2}{2} + x + 1$,

$y_3(x) = \displaystyle\int_0^x \left(\dfrac{t^2}{2} + t + 1 + t\right) dt + 1 = \dfrac{x^3}{3!} + 2 \cdot \dfrac{x^2}{2} + x + 1$,

$y_4(x) = \displaystyle\int_0^x \left(\dfrac{t^3}{3!} + 2 \cdot \dfrac{t^2}{2} + t + 1 + t\right) dt + 1 = \dfrac{x^4}{4!} + 2 \cdot \dfrac{x^3}{3!} + 2 \cdot \dfrac{x^2}{2} + x + 1, \cdots,$

$$y_n(x) = \int_0^x (t + y_{n-1})\, dt + 1$$

$$= \int_0^x \left\{ \frac{t^{n-1}}{(n-1)!} + 2 \cdot \frac{t^{n-2}}{(n-2)!} + 2 \cdot \frac{t^{n-3}}{(n-3)!} + \cdots + 2 \cdot \frac{t^2}{2} + t + 1 + t \right\} dt + 1$$

$$= \frac{x^n}{n!} + 2 \cdot \frac{x^{n-1}}{(n-1)!} + 2 \cdot \frac{x^{n-2}}{(n-2)!} + 2 \cdot \frac{x^{n-3}}{(n-3)!} + \cdots + 2 \cdot \frac{x^2}{2} + x + 1.$$

ゆえに

$$y = \lim_{n \to \infty} \left\{ \frac{x^n}{n!} + 1 + x + 2\left(\sum_{k=0}^{n-1} \frac{x^k}{k!} - 1 - x \right) \right\}$$

$$= 1 + x + 2\left(\sum_{k=0}^{\infty} \frac{x^k}{k!} - 1 - x \right)$$

$$= 1 + x + 2(e^x - 1 - x) = 2e^x - 1 - x \quad \left(\lim_{n \to \infty} \frac{x^n}{n!} = 0 \text{ である} \right).$$

(2) (i) $\dfrac{4}{3}$.　　(ii) 省略.　　(iii) $\dfrac{4}{3}(2n-1)^{\frac{3}{2}} - \dfrac{8}{3}(2n)^{\frac{3}{2}} + \dfrac{4}{3}(2n+1)^{\frac{3}{2}}$.

演習 3

(1) 与式を x で微分して $x + 2yy' = 0$. 条件より，この式の y' を $-\dfrac{1}{y'}$ でおきかえて

$$x - \frac{2y}{y'} = 0. \quad \therefore \int \frac{y}{y'}\, dx = \int \frac{2}{x}\, dx, \ \log|y| = \log x^2 + C.$$

C を $\log C$ とおくと $y = \pm Cx^2$. $\pm C$ をあらためて C とおくと $y = Cx^2$.

(2) $\dfrac{\tan x}{\cos^2 x}\, dx + \dfrac{\cot y}{\sin^2 y}\, dy = 0. \quad \therefore \int (\tan x)' \tan x\, dx - \int (\cot y)' \cot y\, dy = C.$
$2C$ をあらためて $-C$ とおけば $\tan^2 x - \cot^2 y = -C$. ゆえに $\cot^2 y = \tan^2 x + C$.

(3) $yy' = \dfrac{1-x^2}{x}. \quad \therefore \int \dfrac{1}{2}(y^2)'\, dx = \int \left(\dfrac{1}{x} - x \right) dx.$ ゆえに $y^2 = 2\log|x| - x^2 + C.$
C を $\log C$ とおきかえると $x^2 + y^2 = \log(Cx^2).$

(4) $u = 8x + 2y + 1$ とおくと $\dfrac{u' - 8}{2} = u^2. \quad \therefore \int \dfrac{du}{2u^2 + 8} = \int dx.$ よって，
$\arctan \dfrac{u}{2} = 4x + C$. すなわち $u = 2\tan(4x + C)$. ゆえに $8x + 2y + 1 = 2\tan(4x + C).$

(5) $yy' = \sqrt{x^2 + y^2} - x$. したがって $\dfrac{(x^2 + y^2)'}{2} = \sqrt{x^2 + y^2}$. すなわち,
$\dfrac{(x^2 + y^2)'}{2\sqrt{x^2 + y^2}} = 1.$ ゆえに $\int \dfrac{(x^2 + y^2)'}{2\sqrt{x^2 + y^2}}\, dx = x + C.$ すなわち $\sqrt{x^2 + y^2} = x + C.$ よって $y^2 = 2Cx + C^2.$

(6) $x = r\cos\theta, \ y = r\sin\theta$ とおくと，$y' = \dfrac{dy}{d\theta} \bigg/ \dfrac{dx}{d\theta} = \dfrac{r'\sin\theta + r\cos\theta}{r'\cos\theta - r\sin\theta}$ であるから，
与式は $\dfrac{r'\sin\theta + r\cos\theta}{r'\cos\theta - r\sin\theta} = \dfrac{r - r\cos\theta}{r\sin\theta}$ となる. したがって $\dfrac{r'}{r} = \dfrac{\sin\theta}{\cos\theta - 1}.$
$\therefore \int \dfrac{r'}{r}\, d\theta = -\int \dfrac{(\cos\theta - 1)'}{\cos\theta - 1}\, d\theta.$ よって，$\log r = \log \dfrac{1}{|\cos\theta - 1|} + C.$ C を $\log C$ と

おくと，$\log r = \log C + \log \dfrac{1}{|\cos\theta - 1|} = \log \dfrac{\pm C}{1 - \cos\theta}$ となる．$\pm C$ をあらためて C とおけば $r = \dfrac{C}{1 - \cos\theta}$．

(7) (i) ヒント：$h(x) = f(x) - g(x)$ が単調増加関数であることを示せばよい．$h(0) = 0$ に注意． (ii) $f(x) = 3x + \log(x + 1)$, $g(x) = x + \log(x + 1)$.

(8) $f(x) = x^{-\frac{1}{3}}$.

(9) $f(x) = (2 - \sqrt{x})^2$.

(10) $f(t) = \dfrac{2}{e^{-\frac{4}{\sqrt{5}}t} + 1}$ $\left(g(t) = \dfrac{1}{2}\left(e^{-\frac{4}{\sqrt{5}}t} + 1\right)\right)$.

(11) $f(x) = -\dfrac{x^2}{4} + 1$.

(12) $x(t) = 2 - e^{-t}$.

(13) 219 分．ヒント：カメの速度 v m/分，進む距離 s m，かかった時間 t 分とすると $\dfrac{dv}{dt} = \dfrac{dv}{ds}\dfrac{ds}{dt}$, $\dfrac{dv}{ds} = -\dfrac{1}{1000}$.

(14) $f(x) = 1$, $\dfrac{Cx}{Cx - 1}$.

(15) $a = 2$.

演習 4

(1) $dx + \left(2\sqrt{\dfrac{x}{y}} - \dfrac{x}{y}\right)dy = 0$. $u = \dfrac{x}{y}$ とおくと，$dx = u\,dy + y\,du$ より与式は $y\,du + 2\sqrt{u}\,dy = 0$．ゆえに $\dfrac{1}{2\sqrt{u}}du + \dfrac{1}{y}dy = 0$ となる．積分して $\displaystyle\int \dfrac{1}{2\sqrt{u}}du + \int \dfrac{1}{y}dy = C$, すなわち $\sqrt{u} + \log|y| = C$．よって $\sqrt{\dfrac{x}{y}} + \log|y| = C$．

(2) $\left(\dfrac{x}{y} - 1\right)dx - \dfrac{x^2}{y^2}dy = 0$. $u = \dfrac{x}{y}$ とおくと，$dx = u\,dy + y\,du$ より与式は $-\dfrac{1}{y}dy + \left(1 - \dfrac{1}{u}\right)du = 0$ となる．積分して $-\log|y| + u - \log|u| = C$. すなわち $u = \log|x| + C$．よって $\pm e^{-C}$ をあらためて C とおけば，$x = C\exp\dfrac{x}{y}$.

(3) $u = \dfrac{x}{y}$ とおくと，$dx = u\,dy + y\,du$ より与式は $\dfrac{4}{y}dy + \left(\dfrac{3u}{u^2 + 1} + \dfrac{1}{u + 1}\right)du = 0$ となる．積分して $\displaystyle\int \dfrac{4}{y}dy + \int \left(\dfrac{3u}{u^2 + 1} + \dfrac{1}{u + 1}\right)du = C$．したがって，
$$\log y^4 + \log(u^2 + 1)^{\frac{3}{2}} + \log|(u + 1)| = C.$$
整理して $(x^2 + y^2)^3(x + y)^2 = C$．

(4) $2x - y + 4 = x - 2y + 5 = 0$ を解くと $x = -1$, $y = 2$. $x = x_1 - 1$, $y = y_1 + 2$ とおくと，与式は $y_1' = -\dfrac{x_1 - 2y_1}{2x_1 - y_1}$. $u = \dfrac{y_1}{x_1}$ とおくと，与式は $\dfrac{u - 2}{u^2 - 1}u' = -\dfrac{1}{x_1}$. したがって，$\displaystyle\int \dfrac{u - 2}{u^2 - 1}du = \int \dfrac{-1}{x_1}dx_1$ となる．したがって，$\dfrac{3}{2}\displaystyle\int \dfrac{1}{u + 1}du - \dfrac{1}{2}\int \dfrac{1}{u - 1}du =$

$\log|x_1|^{-1} + C$. ゆえに, $\log\left|\dfrac{(u+1)^3}{u-1}\right| = \log x_1^{-2} + 2C$. これを整理して $\pm e^{2C}$ をあらためて C とおくと $(x+y-1)^3 = C(x-y+3)$.

(5) $u = x + 2y$ とおくと, 与式は $\dfrac{u'-1}{2} = \dfrac{u+1}{2u+3}$. したがって, $\dfrac{1}{2}\left(1 - \dfrac{1}{4u+5}\right)du = dx$ となる. 積分して $\displaystyle\int \dfrac{1}{2}\left(1 + \dfrac{1}{4u+5}\right)du = \int dx$. したがって, $u + \dfrac{1}{4}\log|4u+5| = 2x + C$. ゆえに $4C$ をあらためて C とおくと, $\log|4x+8y+5| + 8y - 4x = C$.

(6) (iv) $C_1\cos\sqrt{a}\,x + C_2\sin\sqrt{a}\,x$.

(7) (i) $2xyf'(x) = y^2 - x^2$. (ii) $X^2 + Y^2 = CX$.

(8) $y(x^2 + y^2) = 2x^2$.

(9) 切り口が放物線の形. 光源を含む平面で切った切り口で, 光源を原点とする座標軸をとると, 解くべき微分方程式は $y - yy'^2 = 2xy'$ で, これを解くと $y^2 = 2Cx + C^2$.

(10) $2\arctan\left(\dfrac{y-1}{2x}\right) = \log Cx$.

演習 5

(1) $\displaystyle\int \dfrac{1}{1-x^2}\,dx = \log\sqrt{\dfrac{1+x}{1-x}}$. したがって,
$$y = \exp\left(\log\sqrt{\dfrac{1+x}{1-x}}\right)\int (1+x)\exp\left(-\log\sqrt{\dfrac{1+x}{1-x}}\right)dx$$
$$= \sqrt{\dfrac{1+x}{1-x}}\int \sqrt{1-x^2}\,dx = \left(\dfrac{x\sqrt{1-x^2} + \arcsin x}{2} + C\right)\sqrt{\dfrac{1+x}{1-x}}.$$
条件より $C = 0$. よって $y = \dfrac{x\sqrt{1-x^2} + \arcsin x}{2}\sqrt{\dfrac{1+x}{1-x}}$.

(2) $\displaystyle\int \tan x\,dx = -\log|\cos x|$. したがって,
$$y = \exp(-\log|\cos x|)\int \exp(\log|\cos x|)\dfrac{1}{\cos x}\,dx$$
$$= \dfrac{1}{|\cos x|}\int \pm dx = \dfrac{x}{\cos x} + C.$$
条件より $C = 0$. よって $y = \dfrac{x}{\cos x}$.

(3) y_1, y_2, y_3 を $y' = a(x)y + b(x)$ の解とする. このとき,
$$\left(\dfrac{y_3 - y_1}{y_1 - y_2}\right)' = \dfrac{(y_3' - y_1')(y_1 - y_2) - (y_3 - y_1)(y_1' - y_2')}{(y_1 - y_2)^2}$$
$$= \dfrac{a(x)(y_3 - y_1)(y_1 - y_2) - (y_3 - y_1)a(x)(y_1 - y_2)}{(y_1 - y_2)^2} = 0.$$
よって題意が成り立つ.

(4) $y' = -\dfrac{2y}{x}$ を解くと $y = \dfrac{C}{x^2}$. そこで $y = \dfrac{C(x)}{x^2}$ を与式に代入すると $C'(x) = x^5$.

すなわち $C(x) = \dfrac{x^6}{6} + C$ となる. ゆえに $y = \dfrac{x^4}{6} + \dfrac{C}{x^2}$.

(5) $x(t) = \dfrac{kx_0}{k+h}e^{-(k+h)t} + \dfrac{hx_0}{k+h}$, $y(t) = \dfrac{a^2}{b^2}\left(\dfrac{kx_0}{k+h} - \dfrac{kx_0}{k+h}e^{-(k+h)t}\right)$; $k = \dfrac{c_0}{\pi a^2}$, $h = \dfrac{c_1}{\pi b^2}$.

(6) (i) $L = L_m + Ce^{-kt}$. (ii) $L = L_m - (L_m - L_0)e^{-kt}$.

(iv) $L = L_m - \dfrac{l}{k^2} + \dfrac{l}{k}t + Ce^{-kt}$.

(v) $L = L_m - \dfrac{l}{k^2} + \dfrac{l}{k}t + \left(L_0 - L_m + \dfrac{l}{k^2}\right)e^{-kt}$.

(7) (i) $t = -\dfrac{v}{k}\log\dfrac{p - k\theta}{p}$. (ii) $t_1 < t_2$.

(8) $\pi r^2 h\left(1 - \dfrac{\alpha}{100}\right)^t$.

(9) $y' = y$, $C : y = e^x$.

(10) 1 倍.

(11) (i) $(\alpha, \lambda) = (-2, -1), (2, 3)$. (ii) $u = Ce^{kt}$.

(iii) $x(t) = e^{3t} + e^{-t}$, $y = 2e^{3t} - 2e^{-t}$.

演習 6

(1) (ii) $u = x^4$. (iii) $v = \left(\dfrac{\log x}{2} + C\right)^2$.

(2) $u = y^{1-2} = \dfrac{1}{y}$ とおくと, 与式は $u' = \dfrac{1}{x}u + x$. したがって,
$$u = \exp\left(\int \dfrac{1}{x}\,dx\right) \int \exp\left(-\int \dfrac{1}{x}\,dx\right) x\,dx = x\int dx = x(x + C).$$
ゆえに $y(x^2 + Cx) = 1$.

(3) 与式は $\dfrac{dx}{dy} = -\dfrac{1}{y}x + \dfrac{1}{2}x^3$. $u = x^{1-3} = \dfrac{1}{x^2}$ とおくと, この式は $\dfrac{du}{dy} = \dfrac{2}{y}u - 1$. ゆえに
$$u = \exp\left(\int \dfrac{2}{y}\,dy\right) \int \exp\left(-\int \dfrac{2}{y}\,dy\right) dy = y^2 \int -\dfrac{1}{y^2}\,dy = y^2\left(C + \dfrac{1}{y}\right).$$
ゆえに $x^2 = \dfrac{1}{y + Cy^2}$.

(4) 与式は $y' = \dfrac{1 + x\sin x}{3x}y - \dfrac{\sin x}{x}y^4$. ここで $u = y^{1-4}$ とおくと
$$u' = -\dfrac{1 + x\sin x}{x}u + \dfrac{3\sin x}{x}.$$
ゆえに
$$u = \exp\left(-\int \dfrac{1 + x\sin x}{x}\,dx\right) \int \exp\left(\int \dfrac{1 + x\sin x}{x}\,dx\right) \dfrac{3\sin x}{x}\,dx$$
$$= \dfrac{1}{x}e^{\cos x} \int 3e^{-\cos x} \sin x\,dx = \dfrac{1}{x}e^{\cos x}\left(3e^{-\cos x} + C\right).$$

よって $y^3(3 + Ce^{\cos x}) = x$.

(5) (i) $y = -b$, $\dfrac{Cbe^{abx}}{1 - Ce^{abx}}$. (ii) $y = \dfrac{6e^{2x}}{1 - 3e^{2x}}$. (iii) $-\log 13$.

(6) x を未知関数, y を変数と考えよ. $x = Cy^2 - \dfrac{1}{y}$.

(7) x を未知関数, y を変数と考えよ. $x\sqrt{1 + y^2} + \cos y = C$.

演習 7

(1) $U(x, y) = \displaystyle\int_0^x (3t^2 + 6ty^2)\, dt + \int_0^y 4t^3\, dt = x^3 + 3x^2 y^2 + y^4$.

(2) $\dfrac{\partial}{\partial y}(x + y) = \dfrac{\partial}{\partial x}(x + 2y) = 1$. したがって, 完全微分. そこで, $\dfrac{\partial U(x, y)}{\partial x} = x + y$ より $U(x, y) = \displaystyle\int (x + y)\, dx = xy + \dfrac{x^2}{2} + C(y)$. そこで, $\dfrac{\partial}{\partial y}\left(xy + \dfrac{x^2}{2} + C(y)\right) = x + 2y$ を解いて, $C'(y) = 2y$. したがって, $C(y) = y^2$. よって $\dfrac{x^2}{2} + xy + y^2 = C$.

(3) $\dfrac{\partial}{\partial y}\dfrac{2x}{y^3} = \dfrac{\partial}{\partial x}\dfrac{y^2 - 3x^2}{y^4} = -\dfrac{6x}{y^4}$. したがって, 完全微分. そこで $\dfrac{\partial U(x, y)}{\partial x} = \dfrac{2x}{y^3}$ より $U(x, y) = \displaystyle\int \dfrac{2x}{y^3}\, dx = \dfrac{x^2}{y^3} + C(y)$. ゆえに $\dfrac{\partial}{\partial y}\left(\dfrac{x^2}{y^3} + C(y)\right) = \dfrac{y^2 - 3x^2}{y^4}$ を解いて $C'(y) = \dfrac{1}{y^2}$. したがって, $C(y) = -\dfrac{1}{y}$. ゆえに $\dfrac{x^2}{y^3} - \dfrac{1}{y} = C$ すなわち, $x^2 - y^2 = Cy^3$.

(4) $\dfrac{\partial}{\partial y}(x + e^{\frac{x}{y}}) = \dfrac{\partial}{\partial x}\left\{e^{\frac{x}{y}}\left(1 - \dfrac{x}{y}\right)\right\} = -\dfrac{x}{y^2}e^{\frac{x}{y}}$. したがって, 完全微分. このとき $\dfrac{\partial U(x, y)}{\partial x} = x + e^{\frac{x}{y}}$ より $U(x, y) = \displaystyle\int \left(x + e^{\frac{x}{y}}\right) dx = \dfrac{x^2}{2} + ye^{\frac{x}{y}} + C(y)$. ゆえに $\dfrac{\partial}{\partial y}\left(\dfrac{x^2}{2} + ye^{\frac{x}{y}} + C(y)\right) = e^{\frac{x}{y}}\left(1 - \dfrac{x}{y}\right)$ を解いて $C'(y) = 0$. したがって, $C(y) = $ 定数 $= 0$ とおけば, $\dfrac{x^2}{2} + ye^{\frac{x}{y}} = C$. $y(0) = 2$ より $C = 2$. よって $\dfrac{x^2}{2} + ye^{\frac{x}{y}} = 2$.

(5) $x^3 + x^2 y - y^2 x - y^3 = C$.

(6) $xe^y - y^2 = C$.

(7) $x^2 + y^2 - 2 \arctan \dfrac{y}{x} = C$.

演習 8

(1) 公式 ♣ を用いると,
$$U(x, y) = \int_0^x e^t \left(2ty + t^2 y + \dfrac{y^3}{3}\right) dt + \int_0^y t^2\, dt$$
$$= y \int_0^x (t^2 + 2t) e^t\, dt + \dfrac{y^3}{3}(e^x - 1) + \dfrac{y^3}{3}$$
$$= \left[(x^2 + 2x)e^x - \left\{(2x + 2)e^x - 2 - 2(e^x - 1)\right\}\right] y + \dfrac{y^3}{3} e^x$$

$$= ye^x\left(x^2 + \frac{y^2}{3}\right).$$

(2) $\dfrac{\frac{\partial P}{\partial y} - \frac{\partial Q}{\partial x}}{Q} = -\dfrac{2}{x}$. したがって, $\mu = \mu(x)$ とおくと完全微分の条件は $\dfrac{d\mu}{\mu} = -\dfrac{2}{x}dx$.

これを解いて $\mu(x) = \dfrac{1}{x^2}$. ゆえに公式♣を用いて解くと (ただし $x_0 = 1$, $y_0 = 0$ とおいた)

$$U(x,y) = \int_1^x \frac{t+y^2}{t^2}\,dt + \int_0^y \frac{-2\cdot 1\cdot t}{1^2}\,dt = \log|x| - \frac{y^2}{x} + y^2 - y^2 = \log|x| - \frac{y^2}{x}.$$

よって $\log|x| - \dfrac{y^2}{x} = C$.

(3) $\dfrac{\frac{\partial P}{\partial y} - \frac{\partial Q}{\partial x}}{Q} = 1$. したがって, $\mu = \mu(x)$ とおくと, 完全微分の条件は $\dfrac{d\mu}{\mu} = dx$.

これを解いて $\mu(x) = e^x$. ゆえに公式♣を用いて解くと

$$U(x,y) = \int_0^x e^t(t\sin y + y\cos y)\,dt + \int_0^y (-t\sin t)\,dt$$
$$= \left(xe^x - (e^x - 1)\right)\sin y + (e^x - 1)y\cos y + y\cos y - \sin y$$
$$= (x\sin y + y\cos y - \sin y)e^x.$$

したがって, $(x\sin y + y\cos y - \sin y)e^x = C$.

(4) $\dfrac{x}{y} + \dfrac{x^2}{2} = C$.

(5) $\dfrac{1}{y}\log x + \dfrac{y^2}{2} = C$.

(6) $x^4 = Ce^{4y} - y^3 - \dfrac{3}{4}y^2 - \dfrac{3}{8}y - \dfrac{3}{32}$.

(7) $x^3 = Ce^y - y - 2$.

演習 9

(1) 与式を y' について解いて因数分解すると, $\left(y' - x\right)\left(y' - \dfrac{1}{y}\right) = 0$. $y' - x = 0$ を解くと $y - \dfrac{x^2}{2} - C = 0$. $y' - \dfrac{1}{y} = 0$ を解くと $\dfrac{y^2}{2} - x - C = 0$. したがって, $\left(\dfrac{x^2}{2} - y + C\right)\left(x - \dfrac{y^2}{2} + C\right) = 0$. そこでこの式の両辺を C で偏微分すると $\dfrac{x^2}{2} - y + x - \dfrac{y^2}{2} + 2C = 0$. したがって, $C = \dfrac{1}{2}\left(\dfrac{y^2 - x^2}{2} + y - x\right)$ となる. これを $\left(\dfrac{x^2}{2} - y + C\right)\left(x - \dfrac{y^2}{2} + C\right) = 0$ に代入すると $y^2 - 2y + x^2 - 2x = 0$. したがって, $y = 1 \pm \sqrt{1 - x^2 + 2x}$. 計算すれば, これはもとの微分方程式をみたさない. よって求める一般積分は $\left(\dfrac{x^2}{2} - y + C\right)\left(x - \dfrac{y^2}{2} + C\right) = 0$.

(2) 与式を y' について解いて因数分解すると,

$$\left(y' - \frac{x}{y} - \sqrt{\left(\frac{x}{y}\right)^2 - 1}\right)\left(y' - \frac{x}{y} + \sqrt{\left(\frac{x}{y}\right)^2 - 1}\right) = 0$$

となる. ここで $y' - \frac{x}{y} - \sqrt{\left(\frac{x}{y}\right)^2 - 1} = 0$ を解く. $u = \frac{x}{y}$ とおくと $y = \frac{x}{u}$. したがって, $y' = \frac{1}{u} - \frac{xu'}{u^2}$. ゆえにもとの式は, $\frac{1}{u} - \frac{xu'}{u^2} = u + \sqrt{u^2 - 1}$. これを変形すれば $\left(-\frac{1}{\sqrt{u^2-1}} + \frac{1}{u}\right)u' = \frac{1}{x}$ となる. これを積分して

$$-\log|u + \sqrt{u^2 - 1}| + \log|u| = \log|x| + C.\ \text{すなわち,}\ \log\left|\frac{u}{x(u + \sqrt{u^2-1})}\right| = C.$$

ゆえに $x + \sqrt{x^2 - y^2} =$ 定数 となる. この定数をあらためて C とおくと $x + \sqrt{x^2 - y^2} - C = 0$. 同様な計算で $y' - \frac{x}{y} + \sqrt{\left(\frac{x}{y}\right)^2 - 1} = 0$ を解くと $x - \sqrt{x^2 - y^2} - C = 0$ となる. ゆえに一般積分は

$$\left(x + \sqrt{x^2 - y^2} - C\right)\left(x - \sqrt{x^2 - y^2} - C\right) = 0.$$

$$\therefore\quad (x - C)^2 - (x^2 - y^2) = 0.\ \text{すなわち,}\ y^2 + C^2 = 2Cx.$$

となる. つぎに $y^2 + C^2 = 2Cx$ の両辺を C で偏微分して $C = x$. これを $y^2 + C^2 = 2Cx$ に代入すると $x^2 - y^2 = 0$. すなわち $y = \pm x$. これはもとの微分方程式をみたすことがわかる. よって $y = \pm x$ も解 (特異解) である.

(3) $f(x) = \frac{1}{2}(x^2 - 1),\ \log x$.

演習 10

(1) $p = y'$ とおくと $y = xp + p$. 両辺を x で微分して $p = p + xp' + p'$. ゆえに $p' = 0$. よって $p = C$. したがって, $y = Cx + C$.

(2) $p = y'$ とおくと $y = xp + p^2$. 両辺を x で微分して $p = p + xp' + 2pp'$. ゆえに $p' = 0$ または $x = -2p$. ここで $p' = 0$ のとき $p = C$. ゆえに $y = Cx + C^2$. また $x = -2p$ のとき $p = -\frac{x}{2}$. このとき, $y = -\frac{x^2}{4}$. これはもとの微分方程式をみたす.

(3) $p = y'$ とおくと $y = px + \sqrt{1 + p^2}$. 両辺を x で微分して $p = p + xp' + \frac{pp'}{\sqrt{1+p^2}}$. したがって, $p' = 0$ または $x = -\frac{p}{\sqrt{1+p^2}}$. ここで $p' = 0$ のとき $p = C$. このとき, $y = Cx + \sqrt{1 + C^2}$. また, $x = -\frac{p}{\sqrt{1+p^2}}$ のとき $p = -x\sqrt{1+p^2}$ だから, これを $y = px + \sqrt{1+p^2}$ に代入すると, $y = (1-x^2)\sqrt{1+p^2}$. 一方 $x = -\frac{p}{\sqrt{1+p^2}}$ より $p^2 = \frac{x^2}{1-x^2}$. したがって, $y = \sqrt{1-x^2}$. これはもとの微分方程式をみたす.

(4) $p = y'$ とおくと $y = px + \frac{1}{p}$. 両辺を x で微分して $p = p + xp' - \frac{p'}{p^2}$. したがっ

て, $p' = 0$ または $x = \dfrac{1}{p^2}$. ここで $p' = 0$ のとき $p = C$. このとき, $y = Cx + \dfrac{1}{C}$. また, $x = \dfrac{1}{p^2}$ のとき $px = \dfrac{1}{p}$. このとき $y = \dfrac{2}{p}$. したがって, $y^2 = \dfrac{4}{p^2} = 4x$. $y^2 = 4x$ はもとの微分方程式をみたす.

(5) $p = y'$ とおくと $x = \sin p + \log p$. 両辺を x で微分して $1 = p'\cos p + \dfrac{p'}{p}$. すなわち, $p' = \dfrac{p}{1 + p\cos p}$. ところで $p' = \dfrac{dp}{dx} = \dfrac{dp}{dy}\dfrac{dy}{dx} = p\dfrac{dp}{dy}$ である. すなわち, $\dfrac{dp}{dy} = \dfrac{1}{1 + p\cos p}$. したがって, $(1 + p\cos p)\,dp = dy$. 両辺を積分すると $\int (1 + p\cos p)\,dp = \int dy$. ゆえに $p + p\sin p + \cos p + C = y$. よって

$$\begin{cases} x = \sin p + \log p \\ y = p\sin p + \cos p + p + C. \end{cases}$$

(6) $P(x,y)$ $(y = f(x))$ とする. 接線の方程式は $Y - y = y'(X - x)$. 軸との交点の座標は $(0, y - xy')$, $\left(x - \dfrac{y}{y'}\right)$. したがって条件より $(y - xy')\left(x - \dfrac{y}{y'}\right) = a$ (a は定数) (この式を y について解くとラグランジュ方程式になる). したがって, $\left(2xy - x^2 y' - \dfrac{y^2}{y'}\right)' = 0$. よって $y''\left(\dfrac{y^2}{y'^2} - x^2\right) = 0$. まず, $y'' = 0$ は不適であることがわかる. つぎに, $\dfrac{y^2}{y'^2} - x^2 = 0$ のとき $y' = \pm\dfrac{y}{x}$. ゆえに $y = Cx$ または $xy = C$. このうち題意をみたすものは $xy = C$.

(7) $x^{\frac{2}{3}} + y^{\frac{2}{3}} = a^{\frac{2}{3}}$.

演習 11

(1) $\displaystyle\int \dfrac{dy}{y\sqrt{y^2 - 1}} = \int dx$ のとき $x = \displaystyle\int \dfrac{dy}{y\sqrt{y^2 - 1}}$. ここで $y = \dfrac{1}{s}$ とおくと

$$\int \dfrac{dy}{y\sqrt{y^2 - 1}} = -\int \dfrac{ds}{\sqrt{1 - s^2}} = \arccos s + C = \arccos \dfrac{1}{y} + C.$$

ゆえに $\arccos \dfrac{1}{y} - x = C$ ($-C$ をあらためて C とおいた).

つぎに, $\displaystyle\int \dfrac{dy}{-y\sqrt{y^2 - 1}} = \int dx$ のとき $x = \displaystyle\int \dfrac{dy}{-y\sqrt{y^2 - 1}}$. $y = \dfrac{1}{s}$ とおくと

$$\int \dfrac{dy}{-y\sqrt{y^2 - 1}} = \int \dfrac{ds}{\sqrt{1 - s^2}} = -\arccos s + C = -\arccos \dfrac{1}{y} + C.$$

ゆえに $\arccos \dfrac{1}{y} + x = C$.

(2) $y' = p$ とおくと $yp\dfrac{dp}{dy} = y^2 p + p^2$. したがって, $p = 0$ または $\dfrac{dp}{dy} = \dfrac{1}{y}p + y$. ここで $\dfrac{dp}{dy} = \dfrac{1}{y}p + y$ を解くと

$$\frac{dy}{dx} = p = e^{\log y} \int e^{-\log y} y\, dy = y \int dy = y(y+C_1). \text{すなわち, } dx = \frac{dy}{y(y+C_1)}.$$

ゆえに

$$x = \int dx = \int \frac{dy}{y(y+C_1)} = \frac{1}{C_1} \int \left(\frac{1}{y} - \frac{1}{y+C_1}\right) dy = \frac{1}{C_1} \log\left|\frac{y}{1+C_1}\right| + C_2.$$

また, $p = 0$ のとき $y = C$.

(3) $y' = p$ とおくと $p' = 1 - p^2$. したがって, $\int \frac{1}{1-p^2} dp = \int dx$. ゆえに $x = \frac{1}{2} \log\left|\frac{1+p}{1-p}\right| + C$. よって $p = \frac{C_1 e^{2x} - 1}{1 + C_1 e^{2x}}$ $(C_1 = \pm e^{-2C})$. ゆえに

$$y = \int \frac{C_1 e^{2x} - 1}{1 + C_1 e^{2x}} dx = \int \left(1 - \frac{2}{1 + C_1 e^{2x}}\right) dx$$

$$= x + \log\left|\frac{1 + C_1 e^{2x}}{C_1 e^{2x}}\right| + C_2 = x + \log|e^{2x} + C_1^{-1}| - 2x + C_2.$$

C_1^{-1} をあらためて C_1 とおくと $y = \log|e^{2x} + C_1| - x + C_2$.

(4) $y' = p$ とおくと $x^2 p' + xp = 1$. したがって, $p' = -\frac{1}{x} p + \frac{1}{x^2}$. ゆえに

$$p = \exp\left(-\int \frac{1}{x} dx\right) \int \exp\left(\int \frac{1}{x} dx\right) \frac{1}{x^2} dx = \frac{1}{x} \int \frac{1}{x} dx = \frac{1}{x} \left(\log|x| + C_1\right).$$

したがって,

$$y = \int \frac{1}{x}\left(\log|x| + C_1\right) dx = \frac{(\log|x|)^2}{2} + C_1 \log|x| + C_2.$$

(5) $y'' = v$ とおくと $v'^2 + v^2 = 1$ より $v' = \pm\sqrt{1-v^2}$. したがって, $\arcsin v = \pm x + C_1$. すなわち, $v = \sin(\pm x + C_1)$. ゆえに

$$y = \int dx \int \sin(\pm x + C_1)\, dx = -\sin(C_1 \pm x) + C_2 x + C_3.$$

(6) $y = C_1 e^{C_2 x} + \dfrac{1}{C_2}$.

(7) $y = \pm \dfrac{1}{2}\left(x\sqrt{C_1^2 - x^2} + C_1^2 \arcsin \dfrac{x}{C_1}\right) + C_2$.

(8) $y = (C_1 x - C_1^2) \exp\left(\dfrac{x}{C_1} + 1\right),\ y = \dfrac{e}{2} x^2 + C$.

(9) $y = C_1 x(x - C_1) + C_2,\ y = \dfrac{x^3}{3} + C$.

(10) $x = C_1 + \log\left|\dfrac{y - C_2}{y + C_2}\right|$.

演習 12

(i) $C_1 x + C_2(x+1) = 0$ とすると $C_1 + C_2 = C_2 = 0$. ∴ $C_1 = C_2 = 0$. よって 1 次独立.

(ii) $C_1 x + C_2 x^2 + C_3 x^3 = 0$ とすると $C_1 + 2C_2 x + 3C_3 x^2 = 0$. したがって, $2C_2 + 6C_3 x = 0$. ∴ $2C_2 = 6C_3 = 0$. したがって, $C_1 = C_2 = C_3 = 0$. よって 1 次独立.

(iii) $C_1 = 1,\ C_2 = 1,\ C_3 = -1$ とすると $C_1 \sin^2 x + C_2 \cos^2 x + C_3 \cdot 1 = 0$. よって

1次従属.

(iv) $C_1 e^x + C_2 e^{2x} + C_3 e^{3x} = 0$ とすると $C_1 e^x + 2C_2 e^{2x} + 3C_3 e^{3x} = 0$. したがって, $C_1 e^x + 2^2 C_2 e^{2x} + 3^2 C_3 e^{3x} = 0$. よって

$$\begin{cases} C_1 e^x + C_2 e^{2x} + C_3 e^{3x} = 0 \\ C_1 e^x + 2C_2 e^{2x} + 3C_3 e^{3x} = 0 \\ C_1 e^x + 2^2 C_2 e^{2x} + 3^2 C_3 e^{3x} = 0. \end{cases}$$

C_1, C_2, C_3 を未知数とするこの連立方程式の係数のつくる行列式は 0 ではないから, クラメールの公式によって $C_1 = C_2 = C_3 = 0$. よって1次独立.

演習 13

(1) (i) 求める方程式を $y'' + P_1(x)y' + P_2(x)y = 0$ とすると,
$$e^x(1 + P_1(x) + P_2(x)) = 0, \quad e^x(x + 2 + (x+1)P_1(x) + xP_2(x)) = 0.$$
したがって,
$$1 + P_1(x) + P_2(x) = x + 2 + (x+1)P_1(x) + xP_2(x) = 0.$$
よって $P_1(x) = -2, \ P_2(x) = 1$. ゆえに $y'' - 2y' + y = 0$.

(ii) 求める方程式を $y'' + P_1(x)y' + P_2(x)y = 0$ とすると,
$$P_1(x) + xP_2(x) = 2 + 2xP_1(x) + x^2 P_2(x) = 0.$$
したがって,
$$P_1(x) = -\frac{2}{x}, \qquad P_2(x) = \frac{2}{x^2}.$$
ゆえに $x^2 y'' - 2xy' + 2y = 0$.

(iii) 求める方程式を $y''' + P_1(x)y'' + P_2(x)y' + P_3(x)y = 0$ とすると,
$1 + P_1(x) + P_2(x) + P_3(x)$
$= -2\sin x - 2\cos x - 2\sin x P_1(x) + (\cos x - \sin x)P_2(x) + \cos x P_3(x)$
$= -2\sin x + 2\cos x + 2\cos x P_1(x) + (\cos x + \sin x)P_2(x) + \sin x P_3(x) = 0.$

$P_1(x), P_2(x), P_3(x)$ を未知数とするこの連立方程式をクラメールの公式を用いて解くと $P_1(x) = -3, \ P_2(x) = 4, \ P_3(x) = -2$. よって $y''' - 3y'' + 4y' - 2y = 0$.

(2) $y = 3x - 5x^2 + 2x^3$.

演習 14

(1) $y'' - \dfrac{1}{x}y' = 3x$ を解く. まず, $y'' - \dfrac{1}{x}y' = 0$ すなわち, $(y')' - \dfrac{1}{x}y' = 0$ を解くと, $y' = C_1 x$. ゆえに, $y = C_2 x^2 + C_3$ となる. $y_1(x) = x^2, \ y_2(x) = 1$ とする. そこで $y = C_1(x)x^2 + C_2(x)$ とおいて

$$\begin{cases} C_1'(x)x^2 + C_2'(x) \cdot 1 = 0 \\ C_1'(x) \cdot 2x + C_2'(x) \cdot 0 = 3x \end{cases}$$

より $C_1(x), \ C_2(x)$ を求めると

$C_1(x) = \dfrac{3}{2}x + A, \quad C_2(x) = -\dfrac{x^3}{2} + B \quad$ (A, B は任意定数). よって $y = B + Ax^2 + x^3$.

(2) $y'' + \dfrac{1}{x}y' - \dfrac{1}{x^2}y = 1$ を解く．$y = x$, $y = \dfrac{1}{x}$ は $y'' + \dfrac{1}{x}y' - \dfrac{1}{x^2}y = 0$ をみたしていることがわかる．しかもそれらのロンスキー行列式は 0 にならないから解の基本系である．$y_1 = x$, $y_2 = \dfrac{1}{x}$ とする．そこで $y = C_1(x)x + C_2(x)\dfrac{1}{x}$ とおいて

$$\begin{cases} C_1'(x)x + C_2'(x)\dfrac{1}{x} = 0 \\ C_1'(x) \cdot 1 + C_2'(x) \cdot -\dfrac{1}{x^2} = 1 \end{cases}$$

より $C_1(x)$, $C_2(x)$ を求めると

$$C_1(x) = \dfrac{x}{2} + A, \quad C_2(x) = \dfrac{-x^3}{6} + B \quad (A, B\text{ は任意定数}).\ \text{よって}\quad y = \dfrac{x^2}{3} + Ax + \dfrac{B}{x}.$$

(3) $y = C_1 x + C_2 \log|x|$.
(4) $y = A + B\sin x + C\cos x + \log|\sec x + \tan x| + \sin x \log|\cos x| - x\cos x$.

演習 15

(1) $y = C_1 e^{2x} + C_2 e^{3x}$.
(2) $y = (C_1 x + C_2) e^{-x}$.
(3) $y = e^{-2x}(C_1 \cos 3x + C_2 \sin 3x)$.
(4) $y = C_1 e^{\sqrt{k}x} + C_2 e^{-\sqrt{k}x}$ $(k > 0)$；$y = C_1 \cos(\sqrt{-k}x) + C_2 \sin(\sqrt{-k}x)$ $(k < 0)$.
(5) $y = e^{\frac{x}{6}}\left(C_1 \cos \dfrac{\sqrt{11}}{6}x + C_2 \sin \dfrac{\sqrt{11}}{6}x\right)$.
(6) $y = e^{kx}$, xe^{kx} の形の 2 つの解をもつ必要十分条件は $ak^2 + bk + c = 0$, $2ak + b = 0$.

演習 16

(1) 特性方程式を解くと $k = 2$. ∴ $y_0 = (C_1 x + C_2)e^{2x}$. そこで $y = y_0 + Y$, $Y = ax^2 + bx + c$ とおいて $y = Y$ を与式に代入すると $(4a-1)x^2 + (4b-8a)x + 2a + 4c - 4b = 0$. ゆえに $4a - 1 = 4b - 8a = 2a + 4c - 4b = 0$. すなわち $a = \dfrac{1}{4}$, $b = \dfrac{1}{2}$, $c = \dfrac{3}{8}$. よって

$$y = (C_1 x + C_2)e^{2x} + \dfrac{2x^2 + 4x + 3}{8}.$$

(2) 特性方程式を解くと $k = 2, -3$. ∴ $y_0 = C_1 e^{2x} + C_2 e^{-3x}$. そこで $y = y_0 + Y$, $Y = (ax^2 + bx)e^{2x}$ とおいて $y = Y$ を与式に代入すると $(10ax + 5b + 2a)e^{2x} = xe^{2x}$. ゆえに $10a = 1$, $5b + 2a = 0$. すなわち $a = \dfrac{1}{10}$, $b = -\dfrac{1}{25}$. よって

$$y = C_1 e^{2x} + C_2 e^{-3x} + x\left(\dfrac{x}{10} - \dfrac{1}{25}\right)e^{2x}.$$

(3) 特性方程式を解くと $k = 1, -2$. ∴ $y_0 = C_1 e^x + C_2 e^{-2x}$. そこで $y = y_0 + Y$, $Y = a\sin 2x + b\cos 2x$ とおいて $y = Y$ を与式に代入すると

$$(2a - 6b)\cos 2x - (6a + 2b)\sin 2x = 8\sin 2x.$$

ゆえに $2a - 6b = 0$, $6a + 2b = -8$. すなわち，$a = -\dfrac{6}{5}$, $b = -\dfrac{2}{5}$. よって

$$y = C_1 e^x + C_2 e^{-2x} - \dfrac{2}{5}(3\sin 2x + \cos 2x).$$

(4) 特性方程式を解くと $k = -1$. ∴ $y_0 = (C_1 x + C_2)e^{-x}$. そこで $y = y_0 + Y_1 + Y_2$, $Y_1 = ae^x$, $Y_2 = bx^2 e^{-x}$ とおいて $y = Y_1, Y_2$ をそれぞれ $y'' + 2y' + y = e^x$, $y'' + 2y' + y = e^{-x}$ に代入計算すると $a = \dfrac{1}{4}$, $b = \dfrac{1}{2}$. よって $y = \left(C_1 x + C_2 + \dfrac{x^2}{2}\right)e^{-x} + \dfrac{e^x}{4}$.

(5) 特性方程式を解くと $k = \pm i$. ∴ $y_0 = C_1 \cos x + C_2 \sin x$. $y_1 = \cos x$, $y_2 = \sin x$. そこで $y = C_1(x)\cos x + C_2(x)\sin x$ とおいて

$$\begin{cases} C_1'(x)\cos x + C_2'(x)\sin x = 0 \\ C_1'(x)(\cos x)' + C_2'(x)(\sin x)' = \tan x \end{cases}$$

を解くと $C_1'(x) = -\sin x \tan x$, $C_2'(x) = \sin x$. ゆえに

$$C_2(x) = \cos x + A, \qquad C_1(x) = \sin x + \log\left|\cot\left(\dfrac{x}{2} + \dfrac{\pi}{4}\right)\right| + B.$$

よって $y = A\sin x + B\cos x + \cos x \log\left|\cot\left(\dfrac{x}{2} + \dfrac{\pi}{4}\right)\right|$.

(6) 特性方程式を解くと $k = 1$. ∴ $y_0 = (C_1 x + C_2)e^x$. $y_1 = e^x$, $y_2 = xe^x$. そこで $y = C_1(x)e^x + C_2(x)xe^x$ とおいて

$$\begin{cases} C_1'(x)e^x + C_2' xe^x = 0 \\ C_1'(x)(e^x)' + C_2'(x)(xe^x)' = \dfrac{e^x}{x} \end{cases}$$

を解くと $C_1'(x) = -1$, $C_2'(x) = \dfrac{1}{x}$. すなわち, $C_1(x) = -x + A$, $C_2(x) = \log|x| + B$. よって $y = (Bx + A)e^x + xe^x \log|x|$.

(7) $y = C_1 \cos x + C_2 \sin x + x \sin x + \cos x \log|\cos x|$.

(8) $y = C_1 \cos x + C_2 \sin x - x \cos x + \sin x \log|\sin x|$.

(9) $y = C_1 e^x + C_2 e^{-x} + (e^x + e^{-x})\arctan e^x$.

演習 17

(1) $k^4 - 2k^2 = k^2(k + \sqrt{2})(k - \sqrt{2}) = 0$ を解くと, $k = 0$ (重複度は 2), $k = \pm\sqrt{2}$. よって $y = C_1 x + C_2 + C_3 e^{\sqrt{2}x} + C_4 e^{-\sqrt{2}x}$.

(2) $k^4 - 2k^2 + 1 = (k - 1)^2(k + 1)^2 = 0$ を解くと, $k = 1, -1$ (重複度はいずれも 2). よって $y = (C_1 x + C_2)e^{-x} + (C_3 x + C_4)e^x$.

(3) $y = C_1 e^{ax} + C_2 e^{-ax} + C_3 \cos ax + C_4 \sin ax$.

(4) $k^4 + 8k^2 + 16 = (k^2 + 4)^2 = 0$ を解くと, $(k + 2i)^2(k - 2i)^2 = 0$ より, $k = 2i, -2i$ (重複度はいずれも 2). よって $y = (C_1 x + C_2)\cos 2x + (C_3 x + C_4)\sin 2x$.

(5) 特性方程式 $k^4 - c = 0$. $c = 0$ のとき. $k = 0$ (重複度は 4). このとき, $X(x) = C_0 + C_1 x + C_2 x^2 + C_3 x^3$. 条件より $C_0 = 2C_2 = 0$, $C_0 + C_1 a + C_2 a^2 + C_3 a^3 = 2C_2 + 6C_3 a = 0$. ゆえに $C_1 = C_2 = C_3 = 0$ となり不適. $c < 0$ のとき. $c = -r^4$ とおくと $k = \dfrac{\pm 1 \pm i}{\sqrt{2}}r$. このとき,

$$X(x) = \left(C_1 \cos \dfrac{r}{\sqrt{2}}x + C_2 \sin \dfrac{r}{\sqrt{2}}x\right)e^{\frac{r}{\sqrt{2}}x} + \left(C_3 \cos \dfrac{r}{\sqrt{2}}x + C_4 \sin \dfrac{r}{\sqrt{2}}x\right)e^{-\frac{r}{\sqrt{2}}x}.$$

条件より (詳しい計算は省略)

$$C_1 + C_3 = C_2 + C_4 = 0, \ C_1 \cos \frac{ra}{\sqrt{2}} + C_2 \sin \frac{ra}{\sqrt{2}} = C_2 \cos \frac{ra}{\sqrt{2}} - C_1 \sin \frac{ra}{\sqrt{2}} = 0.$$

ゆえに $C_1 = C_2 = C_3 = C_4 = 0$ となり不適. $c > 0$ のとき. $c = r^4$ とおくと $k = \pm r$, $\pm ri$. このとき, $X(x) = C_1 e^{rx} + C_2 e^{-rx} + C_3 \cos rx + C_4 \sin rx$. したがって, 条件より
$$C_1 + C_2 + C_3 = r^2 C_1 + r^2 C_2 - r^2 C_3 = C_1 e^{ra} + C_2 e^{-ra} + C_3 \cos ra + C_4 \sin ra$$
$$= r^2 C_1 e^{ra} + r^2 C_2 e^{-ra} - r^2 C_3 \cos ra - r^2 C_4 \sin ra = 0.$$

これより $C_1 = C_2 = C_3 = 0$, $C_4 \sin ra = 0$. $X(x) \neq 0$ から $C_4 \neq 0$, ゆえに $\sin ra = 0$. よって $ra = n\pi$ $(n = 1, 2, \cdots)$ でなければならない. したがって求める条件は $\sqrt[4]{c}\, a = n\pi$. このとき $X(x) = C \sin \frac{n\pi}{a} x$ と表される.

演習 18

(1) 特性方程式 $k^4 - 2k^3 + k^2 = 0$ を解くと, $k = 0, \ k = 1$. いずれも重複解. このとき, $y_0 = C_1 x + C_2 + (C_3 x + C_4)e^x$. ここで $y = y_0 + Y$. $Y = ax^2 e^x$ とおいて $y = Y$ を与式に代入し計算すると $a = \dfrac{1}{2}$. よって $y = C_1 x + C_2 + \left(C_3 x + C_4 + \dfrac{x^2}{2}\right)e^x$.

(2) 特性方程式 $k^3 + k^2 + k + 1 = 0$ を解くと, $(k^2 + 1)(k + 1) = 0$. $\therefore \ k = \pm i, -1$. ゆえに $y_0 = C_1 e^{-x} + C_2 \cos x + C_3 \sin x$. ここで $y = y_0 + Y$. $Y = (ax + b)e^x$ とおいて $y = Y$ を与式に代入し計算すると $(4a - 1)x + 4b + 6a = 0$. すなわち, $a = \dfrac{1}{4}$, $b = -\dfrac{3}{8}$. よって $y = C_1 e^{-x} + C_2 \cos x + C_3 \sin x + \left(\dfrac{x}{4} - \dfrac{3}{8}\right)e^x$.

(3) 特性方程式 $k^3 + 2k^2 + 2k + 1 = 0$ を解くと, $k^3 + 1 + 2k(k + 1) = 0$. すなわち, $(k + 1)(k^2 + k + 1) = 0$. ゆえに $k = -1, \dfrac{-1 \pm \sqrt{3} i}{2}$. したがって, $y_0 = C_1 e^{-x} + e^{-\frac{x}{2}}\left(C_2 \cos \dfrac{\sqrt{3} x}{2} + C_3 \sin \dfrac{\sqrt{3} x}{2}\right)$. ここで $y = y_0 + Y$. $Y = ax + b$ とおいて $y = Y$ を与式に代入し計算すると $a = 1, \ b = -2$. よって
$$y = C_1 e^{-x} + e^{-\frac{x}{2}}\left(C_2 \cos \frac{\sqrt{3} x}{2} + C_3 \sin \frac{\sqrt{3} x}{2}\right) + x - 2.$$

ゆえに $y(0) = y'(0) = y''(0) = 0$ より
$$C_1 + C_2 - 2 = -C_1 - \frac{1}{2} C_2 + \frac{\sqrt{3}}{2} C_3 + 1 = C_1 - \frac{1}{2} C_2 - \frac{\sqrt{3}}{2} C_3 = 0.$$

ゆえに $C_1 = 1, \ C_2 = 1, \ C_3 = \dfrac{1}{\sqrt{3}}$. よって,
$$y = e^{-x} + e^{-\frac{x}{2}}\left(\cos \frac{\sqrt{3} x}{2} + \frac{1}{\sqrt{3}} \sin \frac{\sqrt{3} x}{2}\right) + x - 2.$$

演習 19

(1) $x = e^t$ とおく. $xy' = \dfrac{dy}{dt}$, $x^2 y'' = \dfrac{d^2 y}{dt^2} - \dfrac{dy}{dt}$ を与式に代入すれば
$$\dfrac{d^2 y}{dt^2} + 2 \dfrac{dy}{dt} + y = 0. \quad \text{よって,} \quad y = (C_1 t + C_2)e^{-t} = \dfrac{C_1 \log x + C_2}{x}.$$

(2) $(3x+2)^2 y'' + 7(3x+2)y' = 0$. $3x+2 = e^t$ とおく. $(3x+2)y' = 3\dfrac{dy}{dt}$, $(3x+2)^2 y'' = 3^2\left(\dfrac{d^2y}{dt^2} - \dfrac{dy}{dt}\right)$ を与式に代入すれば

$$\frac{d^2y}{dt^2} + \frac{4}{3}\frac{dy}{dt} = 0. \quad \text{よって,} \quad y = C_1 + C_2 e^{-\frac{4}{3}t} = C_1 + C_2(3x+2)^{-\frac{4}{3}}.$$

(3) $x = e^t$ とおく. $xy' = \dfrac{dy}{dt}$, $x^2 y'' = \dfrac{d^2y}{dt^2} - \dfrac{dy}{dt}$ を与式に代入すれば

$$\frac{d^2y}{dt^2} - 5\frac{dy}{dt} + 6y = e^t. \quad \text{よって,} \quad y = C_1 e^{3t} + C_2 e^{2t} + \frac{e^t}{2} = C_1 x^3 + C_2 x^2 + \frac{x}{2}.$$

(4) $x + 1 = e^t$ とおく. $(x+1)y' = \dfrac{dy}{dt}$, $(x+1)^2 y'' = \dfrac{d^2y}{dt^2} - \dfrac{dy}{dt}$ を与式に代入すれば

$$\frac{d^2y}{dt^2} - 4\frac{dy}{dt} + 4y = e^{3t}. \quad \text{これを解くと}$$

$$y = (C_1 t + C_2) e^{2t} + e^{3t} = (x+1)^2\{C_1 \log(x+1) + C_2\} + (x+1)^3.$$

演習 20

(1) $\dfrac{d^2y}{dx^2} = \dfrac{dz}{dx} = -y$, ゆえに $y'' + y = 0$. したがって, $y = C_1 \cos x + C_2 \sin x$. よって, $z = \dfrac{dy}{dx} = C_2 \cos x - C_1 \sin x$.

(2) $\dfrac{d^2z}{dx^2} = \dfrac{dy}{dx} - \dfrac{dz}{dx} = -3y - z - \dfrac{dz}{dx}$. $y = \dfrac{dz}{dx} + z$. ゆえに $z'' = -3(z' + z) - z - z'$. すなわち, $z'' + 4z' + 4z = 0$. したがって, $z = (C_1 x + C_2) e^{-2x}$. よって

$$y = \frac{dz}{dx} + z = (C_1 - C_2 - C_1 x) e^{-2x}.$$

(3) $\dfrac{d^2y}{dx^2} = -2\dfrac{dy}{dx} - \dfrac{dz}{dx} + \cos x = -2\dfrac{dy}{dx} - (4y + 2z + \cos x) + \cos x = -2\dfrac{dy}{dx} - 4y - 2z$, $z = \sin x - 2y - \dfrac{dy}{dx}$. したがって, $y'' = -2\sin x$. ゆえに $y = C_1 + C_2 x + 2\sin x$. $z = \sin x - 2y - y' = -2C_1 - C_2(2x+1) - 3\sin x - 2\cos x$.

(4) $\dfrac{d^2x}{dt^2} = \dfrac{dy}{dt}$. $\therefore$ $\dfrac{d^3x}{dt^3} = \dfrac{d^2y}{dt^2} = \dfrac{dz}{dt} = x$. 特性方程式 $k^3 - 1 = 0$ を解くと, $k = 1$, $\dfrac{-1 \pm \sqrt{3}i}{2}$. よって

$$x = C_1 e^t + \left(C_2 \cos \frac{\sqrt{3}t}{2} + C_3 \sin \frac{\sqrt{3}t}{2}\right) e^{\frac{-t}{2}}.$$

したがって,

$$y = \frac{dx}{dt} = C_1 e^t + \left(\frac{C_3 \sqrt{3} - C_2}{2} \cos \frac{\sqrt{3}t}{2} - \frac{C_2 \sqrt{3} + C_3}{2} \sin \frac{\sqrt{3}t}{2}\right) e^{\frac{-t}{2}}.$$

したがって,

$$z = \frac{dy}{dt} = C_1 e^t + \left(\frac{-C_3 \sqrt{3} - C_2}{2} \cos \frac{\sqrt{3}t}{2} + \frac{C_2 \sqrt{3} - C_3}{2} \sin \frac{\sqrt{3}t}{2}\right) e^{\frac{-t}{2}}.$$

(5) $(y'' + 2y + 4z)'' = (e^x)''$. したがって, $y^{(4)} + 2y^{(2)} + 4z^{(2)} = e^x$. ここで $z^{(2)} =$

$y + 3z - x$. ゆえに $y^{(4)} + 2y^{(2)} + 4y + 12z - 4x = e^x$. ところで, $z = \dfrac{e^x - 2y - y^{(2)}}{4}$.
ゆえに
$$y^{(4)} + 2y^{(2)} + 4y + 3(e^x - 2y - y^{(2)}) - 4x = e^x.$$
すなわち, $y^{(4)} - y^{(2)} - 2y = 4x - 2e^x$. ここで特性方程式 $k^4 - k^2 - 2 = 0$ を解くと $k = \pm\sqrt{2}, \pm i$. したがって,
$$y = C_1 e^{\sqrt{2}x} + C_2 e^{-\sqrt{2}x} + C_3 \cos x + C_4 \sin x + e^x - 2x.$$
したがって,
$$z = \dfrac{e^x - 2y - y^{(2)}}{4} = -C_1 e^{\sqrt{2}x} - C_2 e^{-\sqrt{2}x} - \dfrac{C_3 \cos x}{4} - \dfrac{C_3 \sin x}{4} - \dfrac{e^x}{2} + x.$$

(6) $y = \dfrac{2C_1}{(C_2 - x)^2}$, $z = \dfrac{C_1}{C_2 - x}$.

(7) $y = C_1 x^2 + \dfrac{C_2}{x} - \dfrac{x^2}{18}\{3(\log|x|)^2 - 2\log|x|\}$,

$z = 1 - 2C_1 x + \dfrac{C_2}{x^2} + \dfrac{x}{9}\{3(\log|x|)^2 + \log|x| - 1\}$.

(8) これは少し難しいかもしれない. というのは (1)〜(7) までの微分方程式と異なり, 何が変数で何が未知関数なのかが指定されていない表現となっているからである. いま, 変数は x, 未知関数を y, z と考えて与式をかきなおすと
$$\begin{cases} \dfrac{dy}{dx} = \dfrac{x+y}{x-y} \\ \dfrac{dz}{dx} = \dfrac{z}{x-y} \end{cases}$$
となる. これをいままでの方法で解けばよいことになるが, そのような変形を行わず, つぎのように解答するとよい: まず $\dfrac{dx}{x-y} = \dfrac{dy}{x+y}$, すなわち, $\dfrac{dy}{dx} = \dfrac{x+y}{x-y} = \dfrac{1+\dfrac{y}{x}}{1-\dfrac{y}{x}}$ を解く.

$u = \dfrac{y}{x}$ とおくと $\dfrac{1-u}{1+u^2}u' = \dfrac{1}{x}dx$. したがって, $\arctan u - \dfrac{1}{2}\log(1+u^2) = \log|x| + C$.
これより $\log\sqrt{x^2+y^2} = \arctan\dfrac{y}{x} + C_1$. つぎに $\dfrac{dz}{z} = \dfrac{dx}{x-y} = \dfrac{dy}{x+y}$ より,
$$\dfrac{dz}{z} = \dfrac{x\,dx}{x(x-y)} = \dfrac{y\,dy}{y(x+y)} = \dfrac{x\,dx + y\,dy}{x(x-y) + y(x+y)} = \dfrac{x\,dx + y\,dy}{x^2 + y^2} = \dfrac{\frac{1}{2}d(x^2+y^2)}{x^2+y^2}.$$
したがって, $\dfrac{dz}{z} = \dfrac{\frac{1}{2}d(x^2+y^2)}{x^2+y^2}$ より $\log|z| = \log\sqrt{x^2+y^2} + C_2$. よって $\dfrac{z}{\sqrt{x^2+y^2}} = C_3$. ゆえに求める答えは $\log\sqrt{x^2+y^2} = \arctan\dfrac{y}{x} + C_1, \dfrac{z}{\sqrt{x^2+y^2}} = C_3$.

演習 21

(1) $A = \begin{pmatrix} 0 & 1 \\ -1 & 0 \end{pmatrix}$. ゆえに固有値 $\pm i$. $\alpha = 0$, $\beta = 1$. したがって, 標準形 $\begin{pmatrix} 0 & 1 \\ -1 & 0 \end{pmatrix}$.

$P = \begin{pmatrix} 1 & 0 \\ 0 & 1 \end{pmatrix}$. 解曲線は円群上をもどることなく時計回りにまわり続けるか, 原点静止のまま.

(2) $A = \begin{pmatrix} -3 & -1 \\ 1 & -1 \end{pmatrix}$. ゆえに固有値 -2 (重複解). したがって, 標準形 $\begin{pmatrix} -2 & 1 \\ 0 & -2 \end{pmatrix}$.
$P = \begin{pmatrix} 1 & 0 \\ -1 & -1 \end{pmatrix}$. 解曲線は $x_1 = (C_1 + C_2 t)e^{-2t}$, $y_1 = C_2 e^{-2t}$. したがって原点静止のままか, x_1 軸上を原点に左から (右から) もどることなく近づくか, 上の式より t を消去して得られる曲線群上をもどることなく原点に近づく.

(3) $A = \begin{pmatrix} 1 & 5 \\ -1 & -3 \end{pmatrix}$. ゆえに固有値 $-1 \pm i$. したがって, 標準形 $\begin{pmatrix} -1 & 1 \\ -1 & -1 \end{pmatrix}$. $P = \begin{pmatrix} -4 & -2 \\ 2 & 0 \end{pmatrix}$. 解曲線は $x_1 = (C_1 \cos t + C_2 \sin t)e^{-t}$, $y_1 = (C_2 \cos t - C_1 \sin t)e^{-t}$. したがって原点静止のままか, t を消去して得られる曲線群をもどることなく原点のまわりを時計回りにまわりながら螺線的に原点に近づく.

演習 22

(1) (i) 放物線: $\dfrac{dx}{dt} = 2t + 2$. したがって, $t = \dfrac{\dfrac{dx}{dt} - 2}{2} = \dfrac{y - 2}{2}$ を代入すると $x = 2 + \dfrac{1}{4} y^2$.

(ii) 楕円: $y = \dfrac{dx}{dt} = 2a \cos\left(2t + \dfrac{\pi}{6}\right)$. すなわち $\dfrac{y}{2a} = \cos\left(2t + \dfrac{\pi}{6}\right)$. t を消去すると $\dfrac{x^2}{a^2} + \dfrac{y^2}{(2a)^2} = 1$.

(iii) 直線: $y = \dfrac{dx}{dt} = -3x$.

(2) (i) $yy' = 1 - y^2$. $\therefore \dfrac{-2y}{1 - y^2} dy = -2\, dx$. したがって, $-2 \int dx = \int \dfrac{(1 - y^2)'}{1 - y^2} dy$. よって $-2x + C = \log|1 - y^2|$. すなわち, $1 - y^2 = C_1 e^{-2x}$. したがって, t が $0 \to \infty$ と増えていくとき, 点 $\mathrm{P}(t) = (x, y)$ は, 曲線群 $\boldsymbol{C_+} : y = \sqrt{1 - C_1 e^{-2x}}$ 上をもどることなく左から右に限りなく移動していくか, 曲線群 $\boldsymbol{C_-} : y = -\sqrt{1 - C_1 e^{-2x}}$ 上をもどることなく右から左に限りなく移動していく.

(ii) $yy' = -\dfrac{1}{x^3}$. したがって, $y^2 = C + \dfrac{1}{x^2}$. したがって, t が $0 \to \infty$ と増えていくとき, 点 $\mathrm{P}(t) = (x, y)$ は, 曲線群 $\boldsymbol{C_+} : y = \sqrt{C + \dfrac{1}{x^2}}$ 上をもどることなく左から右に限りなく移動していくか, 曲線群 $\boldsymbol{C_-} : y = -\sqrt{C + \dfrac{1}{x^2}}$ 上をもどることなく右から左に限りなく移動していく.

(3) 楕円 $\dfrac{y^2}{a/m} + \dfrac{x^2}{a/k} = 1$ 上を時計回りに回転する. ($myy' + kx = 0$. したがって,

$my^2 + kx^2 = a$).

(4) $yy' + \dfrac{k}{m}\left(x \pm \dfrac{F}{k}\right) = 0$. したがって, $\dfrac{1}{k/m}2yy' + 2\left(x \pm \dfrac{F}{k}\right) = 0$. ゆえに
$$\left(\dfrac{y}{\sqrt{k/m}}\right)^2 + \left(x \pm \dfrac{F}{k}\right)^2 = c^2 \quad (\text{符号は } y > 0 \text{ のとき } +, \; y < 0 \text{ のとき } -)$$
と表される. この場合
$$\dfrac{y}{\sqrt{k/m}} = Y$$
とおいて y 軸を Y 軸に換えてやれば, (x, Y) 平面上では, 点 $(x_0, 0)$ から出発した点は, 中心が $Y > 0$ のとき $\left(-\dfrac{F}{k}, 0\right)$, $Y < 0$ のとき $\left(\dfrac{F}{k}, 0\right)$ の半円 $Y^2 + \left(x \pm \dfrac{F}{k}\right)^2 = c^2$ を交互に時計回りにまわりながら原点に近づいていく.

演習 23

(1) $y = C_1 \sum\limits_{n=0}^{\infty} \dfrac{1}{n!}(2x)^n + C_2 \sum\limits_{n=0}^{\infty} \dfrac{1}{n!}(3x)^n = C_1 e^{2x} + C_2 e^{3x}$.

(2) $y = C_1 \sum\limits_{n=0}^{\infty} \dfrac{1}{n!}(2x)^n + C_2 \sum\limits_{n=0}^{\infty} \dfrac{1}{n!}(-2x)^n = C_1 e^{2x} + C_2 e^{-2x}$.

(3) $y = C_1 + \sum\limits_{n=0}^{\infty} \dfrac{1}{n!}x^n = C_1 + C_2 e^x$.

(4) $y = C_1 \sum\limits_{n=0}^{\infty} \dfrac{(-1)^n}{(2n)!}x^{2n} + C_2 \sum\limits_{n=0}^{\infty} \dfrac{(-1)^n}{(2n+1)!}x^{2n+1} = C_1 \cos x + C_2 \sin x$.

(5) $y = \sum\limits_{n=0}^{\infty} c_n x^n$ を代入し計算すると, $c_{n+2} = -\dfrac{1}{n+2}c_n \; (n \geqq 0)$. これを解くと,
$$c_{2m} = \dfrac{(-1)^m}{2 \cdot 4 \cdot 6 \cdots 2m}c_0, \quad c_{2m-1} = \dfrac{(-1)^m}{1 \cdot 3 \cdot 5 \cdots 2m-1}c_1.$$
ゆえに $c_0 = C_1$, $c_1 = C_2$ とおいて
$$y = C_1 \sum\limits_{m=0}^{\infty} \dfrac{(-1)^m}{2 \cdot 4 \cdot 6 \cdots 2m}x^{2m} + C_2 \sum\limits_{m=1}^{\infty} \dfrac{(-1)^m}{1 \cdot 3 \cdot 5 \cdots 2m-1}x^{2m-1}.$$

演習 24

(1) $y' = y + x^2$ を微分してゆくと
$$y^{(2)} = y' + 2x, \quad y^{(3)} = y^{(2)} + 2, \quad y^{(4)} = y^{(3)}, \quad y^{(5)} = y^{(4)}, \cdots.$$
したがって,
$$y'(0) = -2, \quad y^{(2)}(0) = -2, \quad y^{(3)}(0) = 0, \quad y^{(4)}(0) = 0, \cdots.$$
ゆえに $y = -2 - 2x - x^2$.

(2) $y' = 2y + x - 1$ を微分してゆくと $y^{(2)} = 2y' + 1$, $y^{(3)} = 2y^{(2)}, \cdots$. したがって,
$$y'(1) = 2, \quad y^{(2)}(1) = 2^2 + 1, \quad y^{(3)}(1) = 2^3 + 2, \quad y^{(4)}(1) = 2^4 + 2^2, \cdots.$$
ゆえに
$$y = \sum\limits_{n=0}^{\infty} \dfrac{y^{(n)}(1)}{n!}(x-1)^n$$

$$= 1 + 2(x-1) + \frac{2^2+1}{2!}(x-1)^2 + \frac{2^3+2}{3!}(x-1)^3 + \frac{2^4+2^2}{4!}(x-1)^4 + \cdots$$

$$= \left\{ 1 + 2(x-1) + \frac{2^2}{2!}(x-1)^2 + \frac{2^3}{3!}(x-1)^3 + \frac{2^4}{4!}(x-1)^4 + \cdots \right\}$$

$$+ \frac{1}{2!}(x-1)^2 + \frac{2}{3!}(x-1)^3 + \frac{2^2}{4!}(x-1)^4 + \cdots$$

$$= e^{2(x-1)} + \frac{1}{2^2}\left\{ 1 + 2(x-1) + \frac{2^2}{2!}(x-1)^2 + \frac{2^3}{3!}(x-1)^3 + \frac{2^4}{4!}(x-1)^4 + \cdots - (2x-1) \right\}$$

$$= \left(1 + \frac{1}{4}\right)e^{2(x-1)} - \frac{x}{2} + \frac{1}{4}.$$

(3) $y'' = -xy$. したがって,
$$y^{(3)} = -y - xy^{(1)}, \quad y^{(4)} = -2y^{(1)} - xy^{(2)},$$
$$y^{(5)} = -3y^{(2)} - xy^{(3)}, \quad y^{(6)} = -4y^{(3)}(0) - xy^{(4)}, \cdots.$$

ゆえに
$$y^{(2)}(0) = 0, \quad y^{(3)}(0) = -1, \quad y^{(4)}(0) = 0, \quad y^{(5)}(0) = 0, \quad y^{(6)} = 1 \cdot 4,$$
$$y^{(7)}(0) = y^{(8)}(0) = 0, \quad y^{(9)}(0) = -1 \cdot 4 \cdot 7, \cdots.$$

よって, $y = 1 - \dfrac{x^3}{3!} + \dfrac{1 \cdot 4 x^6}{6!} - \dfrac{1 \cdot 4 \cdot 7 x^9}{9!} + \cdots$.

(4) $\dfrac{d^2x}{dt^2} = -x\cos t$. したがって,
$$x^{(3)} = -x^{(1)}\cos t + x\sin t, \quad x^{(4)} = -x^{(2)}\cos t + 2x^{(1)}\sin t + x\cos t,$$
$$x^{(5)} = -x^{(3)}\cos t + 3x^{(2)}\sin t + 3x^{(1)}\sin t - x\sin t, \cdots.$$

ゆえに
$$x^{(2)}(0) = -1, \quad x^{(3)}(0) = 0, \quad x^{(4)}(0) = 2, \quad x^{(5)}(0) = 0,$$
$$x^{(6)}(0) = -9, \quad x^{(7)}(0) = 0, \quad x^{(8)}(0) = 55, \cdots.$$

よって, $x = 1 - \dfrac{t^2}{2!} + \dfrac{2t^4}{4!} - \dfrac{9t^6}{6!} + \dfrac{55t^8}{8!} - \cdots$.

(5) $y = \dfrac{1}{2} + \dfrac{1}{4}x + \dfrac{1}{8}x^2 + \dfrac{1}{16}x^3 + \dfrac{9}{32}x^4 + \dfrac{21}{320}x^5 + \cdots$.

(6) $y = \dfrac{1}{3}x^3 - \dfrac{1}{7 \cdot 9}x^7 + \dfrac{2}{7 \cdot 11 \cdot 27}x^{11} - \cdots$.

(7) $y = x + \dfrac{x^2}{1 \cdot 2} + \dfrac{x^3}{2 \cdot 3} + \dfrac{x^4}{3 \cdot 4} + \cdots$.

演習 25

(1) $x^2 y'' + xy' + \left(x^2 - \dfrac{1}{4}\right)y = 0$ に

を代入すると
$$\sum_{n=0}^{\infty} c_n(n+\lambda)(n+\lambda-1)x^{n+\lambda-2} + x\sum_{n=0}^{\infty} c_n(n+\lambda)x^{n+\lambda-1}$$
$$+x^2\sum_{n=0}^{\infty} c_n x^{n+\lambda} - \frac{1}{4}\sum_{n=0}^{\infty} c_n x^{n+\lambda} = 0.$$

したがって,
$$\sum_{n=0}^{\infty}\left(c_n(n+\lambda)(n+\lambda-1)+c_n(n+\lambda)-\frac{1}{4}c_n\right)x^n + \sum_{n=0}^{\infty} c_n x^{n+2} = 0.$$

したがって, $\sum_{n=0}^{\infty}\left((n+\lambda)^2-\frac{1}{4}\right)c_n x^n + \sum_{n=2}^{\infty} c_{n-2}x^n = 0.$ ゆえに

$$\sum_{n=0}^{\infty}\left(\left\{(n+\lambda)^2-\frac{1}{4}\right\}c_n + c_{n-2}\right)x^n + \left(\lambda^2-\frac{1}{4}\right)c_0 + \left\{(1+\lambda)^2-\frac{1}{4}\right\}c_1 x = 0.$$

よって
$$\left\{(n+\lambda)^2-\frac{1}{4}\right\}c_n + c_{n-2} = \left(\lambda^2-\frac{1}{4}\right)c_0 = \left\{(1+\lambda)^2-\frac{1}{4}\right\}c_1 = 0 \quad (n\geqq 2).$$

よって $\lambda=\pm\frac{1}{2}$. $\lambda=-\frac{1}{2}$ とおく. $c_n = -\frac{1}{(n-1)n}c_{n-2}.$ これを解くと,
$$c_{2m+1} = \frac{(-1)^m}{(2m+1)!}c_1, \quad c_{2m} = \frac{(-1)^m}{(2m)!}c_0 \quad (m\geqq 1).$$

そこで $c_0=1$, $c_1=0$ とおくと $c_{2m} = \frac{(-1)^m}{(2m)!}$, $c_{2m+1}=0$. ゆえに
$$y_1 = x^{-\frac{1}{2}}\sum_{m=0}^{\infty}\frac{(-1)^m}{(2m)!}x^{2m} = \frac{\cos x}{\sqrt{x}}.$$

$y_2 = y_1 u$ とおいて与式に代入すると $u'' + \left(\frac{1}{x}+2\frac{y_1'}{y_1}\right)u' = 0.$ ゆえに
$$u = \int \frac{1}{xy_1^2}dx = \int \frac{1}{\cos^2 x}dx = \tan x, \quad \therefore \quad y_2 = x^{-\frac{1}{2}}\sin x.$$

このとき, $y = C_1 y_1 + C_2 y_2.$

(2) $x^2 y'' + \frac{1}{2}xy' + \frac{1}{4}xy = 0$ に
$$y = \sum_{n=0}^{\infty} c_n x^{n+\lambda}, \quad y' = \sum_{n=0}^{\infty}(n+\lambda)c_n x^{n+\lambda-1},$$
$$y'' = \sum_{n=0}^{\infty}(n+\lambda)(n+\lambda-1)c_n x^{n+\lambda-2}$$

を代入すると

$$\sum_{n=0}^{\infty} c_n(n+\lambda)(n+\lambda-1)x^{n+\lambda} + \frac{1}{2}\sum_{n=0}^{\infty} c_n(n+\lambda)x^{n+\lambda} + \frac{1}{4}\sum_{n=0}^{\infty} c_n x^{n+\lambda+1} = 0.$$

$$\therefore \sum_{n=0}^{\infty}\Big((n+\lambda)(n+\lambda-1)+\frac{1}{2}(n+\lambda)\Big)c_n x^n + \sum_{n=0}^{\infty}\frac{1}{4}c_n x^{n+1} = 0.$$

すなわち, $\sum_{n=1}^{\infty}\Big((n+\lambda)(n+\lambda-\frac{1}{2})c_n + \frac{1}{4}c_{n-1}\Big)x^n + \Big(\lambda(\lambda-1)+\frac{\lambda}{2}\Big)c_0 = 0.$

よって

$$(n+\lambda)(n+\lambda-\frac{1}{2})c_n + \frac{1}{4}c_{n-1} = 0 \quad (n \geqq 1), \quad \lambda(\lambda-1)+\frac{\lambda}{2} = 0. \quad \lambda = 0, \frac{1}{2}.$$

$\lambda = 0$ のとき $c_n = -\dfrac{c_{n-1}}{2n(2n-1)}$. $\therefore$ $c_n = \dfrac{(-1)^n}{(2n)!}c_0$. $c_0 = 1$ とおくと $c_n = \dfrac{(-1)^n}{(2n)!}.$

ゆえに, $y_1 = \sum_{n=0}^{\infty}\dfrac{(-1)^n}{(2n)!}x^n$. $\lambda = \dfrac{1}{2}$ のとき $c_n = -\dfrac{c_{n-1}}{2n(2n+1)}$. これを解くと, $c_n =$
$\dfrac{(-1)^n}{(2n+1)!}c_0$. $c_0 = 1$ とおくと, $c_n = \dfrac{(-1)^n}{(2n+1)!}$. ゆえに $y_2 = x^{\frac{1}{2}}\sum_{n=0}^{\infty}\dfrac{(-1)^n}{(2n+1)!}x^n$. このとき, $y = C_1 y_1 + C_2 y_2.$

(3) $y_1 = x\Big\{1 + \sum_{n=1}^{\infty}\dfrac{(-1)^n x^{n+1}}{(n!)^2}\Big\}, y_2 = y_1 \int \dfrac{1}{xy_1^2}dx = y_1\Big(\log|x|+2x+\dfrac{5}{4}x^2+\cdots\Big).$
$y = C_1 y_1 + C_2 y_2.$

(4) $y = C_1\dfrac{1}{x}\sum_{n=0}^{\infty}\dfrac{(-1)^n}{(2n)!}x^{2n} + C_2\dfrac{1}{x}\sum_{n=0}^{\infty}\dfrac{(-1)^n}{(2n+1)!}x^{2n+1} = \dfrac{C_1\cos x + C_2\sin x}{x}.$

(5) $y = C_1 x^3 + \dfrac{C_2}{x}.$

(6) $y = C_1 x^2 + \dfrac{C_2}{x}.$

演習 26

-0.995 ； -1 ； 0.005 ； $0.005.$

演習 27

(1) 3.36, (2) 0.80.

演習 28

(1) $u = \dfrac{1}{2}\log(x^2+y^2)$. $\therefore$ $\dfrac{\partial u}{\partial x} = \dfrac{x}{x^2+y^2}$, $\dfrac{\partial u}{\partial y} = \dfrac{y}{x^2+y^2}$. したがって,

$$\frac{\partial^2 u}{\partial x^2} = \frac{1}{x^2+y^2} - x\frac{2x}{(x^2+y^2)^2} = \frac{y^2-x^2}{(x^2+y^2)^2},$$

$$\frac{\partial^2 u}{\partial y^2} = \frac{1}{x^2+y^2} - y\frac{2y}{(x^2+y^2)^2} = \frac{x^2-y^2}{(x^2+y^2)^2}.$$

よって $\dfrac{\partial^2 u}{\partial x^2} + \dfrac{\partial^2 u}{\partial y^2} = 0.$

(2) $\dfrac{\partial u}{\partial t} = f_x(x+at, y+bt)\dfrac{\partial}{\partial t}(x+at) + f_y(x+at, y+bt)\dfrac{\partial}{\partial t}(y+bt)$

$= af_x(x+at, y+bt) + bf_y(x+at, y+bt),$

$\dfrac{\partial u}{\partial x} = f_x(x+at, y+bt)\dfrac{\partial}{\partial x}(x+at) + f_y(x+at, y+bt)\dfrac{\partial}{\partial x}(y+bt)$

$= f_x(x+at, y+bt) + f_y(x+at, y+bt),$

$\dfrac{\partial u}{\partial y} = f_x(x+at, y+bt)\dfrac{\partial}{\partial y}(x+at) + f_y(x+at, y+bt)\dfrac{\partial}{\partial y}(y+bt)$

$= f_x(x+at, y+bt) + f_y(x+at, y+bt).$

よって $\dfrac{\partial u}{\partial t} = a\dfrac{\partial u}{\partial x} + b\dfrac{\partial u}{\partial y}$.

(3) $du = \dfrac{\partial u}{\partial x}dx + \dfrac{\partial u}{\partial y}dy.$ ∴ $\dfrac{\partial u}{\partial x} = 2x+y$, $\dfrac{\partial u}{\partial y} = x+2y$. $\dfrac{\partial u}{\partial x} = 2x+y$ より $u = \int(2x+y)dx = x^2 + xy + C(y)$. したがって, $\dfrac{\partial}{\partial y}(x^2 + xy + C(y)) = x + 2y$. すなわち, $C'(y) = 2y$, $C(y) = y^2 + A$ (A は積分定数). ゆえに $u = x^2 + y^2 + xy + A$. このとき, この関数 u に対したしかに $du = (2x+y)dx + (x+2y)dy$ は成り立っている.

(4) $du = \dfrac{\partial u}{\partial x}dx + \dfrac{\partial u}{\partial y}dy + \dfrac{\partial u}{\partial z}dz$. したがって,

$\dfrac{\partial u}{\partial x} = 3x^2 + 3y - 1,\quad \dfrac{\partial u}{\partial y} = z^2 + 3x,\quad \dfrac{\partial u}{\partial z} = 2yz + 1.$

$\dfrac{\partial u}{\partial x} = 3x^2 + 3y - 1$ より $u = \int(3x^2 + 3y - 1)dx = x^3 + 3xy - x + C(y,z)$. ゆえに

$\dfrac{\partial}{\partial y}(x^3 + 3xy - x + C(y,z)) = z^2 + 3x,\quad \dfrac{\partial}{\partial z}(x^3 + 3xy - x + C(y,z)) = 2yz + 1$

より $\dfrac{\partial C(y,z)}{\partial y} = z^2, \dfrac{\partial C(y,z)}{\partial z} = 2yz + 1$. したがって, $\dfrac{\partial C(y,z)}{\partial y} = z^2$ より $C(y,z) = \int z^2 dy = z^2 y + D(z)$. ゆえに $\dfrac{\partial(z^2 y + D(z))}{\partial z} = 2yz + 1$. すなわち, $D'(z) = 1$, $D(z) = z + A$ (A は積分定数). よって $u = x^3 + 3xy - x + yz^2 + z + A$. このとき, この関数 u に対したしかに $du = (3x^2 + 3y - 1)dx + (z^2 + 3x)dy + (2yz + 1)dz$ は成り立っている.

(5) 証明略. 問題 (1), (2) の解答を参考にして計算してみよ.

演習 29

(1) ある関数 $\phi(x)$ を適切にとって $u = \dfrac{1}{2}y + \phi(2x - y)$ と表される. ここで $u(x, 0) = x^2$. したがって, $\phi(2x) = x^2$. ゆえに $\phi(x) = \dfrac{x^2}{4}$. よって $u = \dfrac{(2x-y)^2}{4} + \dfrac{1}{2}y$.

(2) ある関数 $\phi(x)$ を適切にとって $u = e^{-\frac{1}{3}y + \phi(3x - 2y)}$ と表される. したがって, $-\dfrac{1}{3}y + \phi(-2y) = y$. ∴ $\phi(y) = -\dfrac{2}{3}y$. ゆえに $u = e^{y - 2x}$.

演習 30

(1)
$$\begin{cases} \dfrac{dx}{dt} = y \\ \dfrac{dy}{dt} = x \end{cases}$$

を解くと

$$\frac{dy}{dx} = \frac{\frac{dy}{dt}}{\frac{dx}{dt}} = \frac{x}{y}.$$

したがって, $x^2 - y^2 = C$. ゆえに $u = \int (x^2 + y^2)dt + \phi(x^2 - y^2)$. ところで,

$$\int (x^2 + y^2)\,dt = \int x \cdot x\,dt + \int y \cdot y\,dt = \int x\,dy + \int y\,dx = \int d(xy) = xy.$$

ゆえに $u = xy + \phi(x^2 - y^2)$.

(2)
$$\begin{cases} \dfrac{dx}{dt} = 1 \\ \dfrac{dy}{dt} = 2 \end{cases}$$

を解くと

$$\frac{dy}{dx} = \frac{\frac{dy}{dt}}{\frac{dx}{dt}} = 2.$$

したがって, $y - 2x = C$. ゆえに

$$u = \int x\,dt + \phi(y - 2x) = \int x\,dx + \phi(y - 2x) = \frac{1}{2}x^2 + \phi(y - 2x).$$

演習 31

(1) $\dfrac{\partial}{\partial x}\left(\dfrac{\partial u}{\partial y}\right) = \dfrac{\partial^2 u}{\partial x \partial y} = 0$. ゆえに $\dfrac{\partial u}{\partial y} = \int 0\,dx = C(y)$. したがって, $u = \int C(y)dy$. 関数 $C(y)$ の原始関数を $\psi(y)$ とする. 積分定数は x の関数なので $\phi(x)$ とかくと, 右辺は $\psi(y) + \phi(x)$ となる. よって $u = \psi(y) + \phi(x)$.

(2) $\dfrac{\partial u}{\partial y} = \int 6x^2 y\,dx = 2x^3 y + C(y)$. ゆえに

$$u = \int (2x^3 y + C(y))\,dy = x^3 y^2 + \psi(y) + \phi(x).$$

$$\therefore \quad \psi(0) + \phi(x) = x^2, \qquad \psi(y) + \phi(0) = \sin y,$$

$$\phi(x) = x^2 - \psi(0). \qquad \psi(y) = \sin y - \phi(0).$$

$u = x^3 y^2 + \sin y + x^2 - \psi(0) - \phi(0) = x^3 y^2 + \sin y + x^2.$ ($\because \ \psi(0) + \phi(0) = 0.$)

(3) $\dfrac{\partial^2 u}{\partial x \partial y} = 0$ の解は前問 (1) で求められた. そこで与式をみたす解 (**特別解**) (憶えていますか？ 同じではありませんがよく似た考えはずっと前にやりましたよ) をさがすと $\dfrac{x^3 y}{3} + \dfrac{xy^3}{3}$ がその 1 つであることがわかる. よって $u - \left(\dfrac{x^3 y}{3} + \dfrac{xy^3}{3}\right)$ は前問 (1) の微分

方程式をみたすことになる．ゆえに
$$u - \left(\frac{x^3 y}{3} + \frac{xy^3}{3}\right) = \phi(x) + \psi(y). \quad \text{すなわち,} \quad u = \phi(x) + \psi(y) + \frac{x^3 y}{3} + \frac{xy^3}{3}.$$
(4) $u = \sin 2x \cos 5t$．

演習 32

(1) $\dfrac{2}{\pi} \sinh a\pi \left\{ \dfrac{1}{2a} + \sum\limits_{n=1}^{\infty} \dfrac{(-1)^n}{a^2 + n^2} (a \cos nx - n \sin nx) \right\}$．

(2) $\dfrac{4}{\pi} \sum\limits_{n=1}^{\infty} \dfrac{\sin(2n+1)x}{2n+1}$．

(3) $a = \dfrac{2\pi}{T}$．

図 (a): $\dfrac{2}{\pi} \sum\limits_{n=1}^{\infty} (-1)^n \dfrac{\sin nat}{n}$．

図 (b): $\dfrac{8}{\pi^2} \sum\limits_{n=1}^{\infty} (-1)^{n+1} \dfrac{\sin\big((2n-1)at\big)}{(2n-1)^2}$．

図 (c): $\dfrac{4}{\pi} \sum\limits_{n=1}^{\infty} (-1)^{n+1} \dfrac{\cos\big((2n-1)at\big)}{2n-1}$．

演習 33

(1) $f(x) = \dfrac{a_0}{2} + \sum\limits_{n=1}^{\infty} a_n \cos nx$．$a_0 = \dfrac{4}{\pi}$，

$a_n = \dfrac{1}{\pi} \int_0^{\pi} \big(\sin(n+1)x - \sin(n-1)x\big) dx = \begin{cases} 0 & (n=1) \\ -\dfrac{2\cos n\pi}{\pi(n^2-1)} & (n \neq 1). \end{cases}$

よって $f(x) = \dfrac{2}{\pi} - \dfrac{2}{\pi} \sum\limits_{n=2}^{\infty} \dfrac{\cos n\pi}{n^2-1} \cos nx$．

(2) 正弦展開 $= -\dfrac{4}{\pi} \sum\limits_{n=1}^{\infty} \dfrac{\cos n\pi}{n} \sin\left(\dfrac{n\pi x}{2}\right)$．

余弦展開 $= 1 + \dfrac{4}{\pi^2} \sum\limits_{n=1}^{\infty} \dfrac{\cos n\pi - 1}{n^2} \cos\left(\dfrac{n\pi x}{2}\right)$．

(3) 正弦展開 $= \sum\limits_{n=1}^{\infty} b_n \sin nx \quad \left(b_{2k-1} = \dfrac{2\pi}{2k-1} - \dfrac{8}{\pi(2k-1)^3}, \quad b_{2k} = -\dfrac{\pi}{k} \right)$；

余弦展開 $= \dfrac{\pi^2}{3} + 4 \sum\limits_{n=1}^{\infty} (-1)^n \dfrac{\cos nx}{n^2}$； (i) $= \dfrac{\pi^2}{6}$, (ii) $= \dfrac{\pi^2}{12}$．

演習 34

(1) 右辺の関数 $\sin x$ が奇関数だからといって，特解を正弦展開して $y = \sum\limits_{n=1}^{\infty} b_n \sin nx$ とおいて与式に代入しても答えは得られない．そこでフーリエ級数展開そのものを使う．$y = \dfrac{a_0}{2} + \sum\limits_{n=1}^{\infty} (a_n \cos nx + b_n \sin nx)$ とおいて与式に代入すると，

$$-\sum_{n=1}^{\infty}(n^2 b_n \sin nx + n^2 a_n \cos nx) + 3\sum_{n=1}^{\infty}(nb_n \cos nx - na_n \sin nx)$$
$$+ 2\sum_{n=1}^{\infty}(a_n \cos nx + b_n \sin nx) + a_0 = 20\sin x.$$

したがって,
$$\sum_{n=1}^{\infty}\Big((2-n^2)b_n - 3na_n\Big)\sin nx + \Big(3nb_n + (2-n^2)a_n\Big)\cos nx + a_0 = 20\sin x.$$

これより
$$a_0 = 0, \quad b_1 - 3a_1 = 20, \quad (2-n^2)b_n - 3na_n = 0 \ (n \geqq 2),$$
$$3nb_n + (2-n^2)a_n = 0 \ (n \geqq 1).$$

したがって, $a_1 = -6$, $b_1 = 2$, $a_n = b_n = 0 \ (n \geqq 2)$. ゆえに, 特解 $= 2\sin x - 6\cos x$.

(2) 特解 $= -\dfrac{2}{5}(3\sin 2x + \cos 2x)$.

演習 35

(1) 固有値は $\left(\dfrac{2n+1}{2}\pi\right)^2$; 固有関数は, 定数倍を除くと $\sin\dfrac{(2n+1)\pi x}{2}$ ($n = 0, 1, 2, \cdots$).

(2) 固有値は $(n\pi)^2$; 固有関数は, 定数倍を除くと $\cos n\pi x$ ($n = 0, 1, 2, \cdots$).

演習 36

(1) $u = \sum_{n=1}^{\infty} v_n(y)\sin n\pi x$ とおく. $\sum_{n=1}^{\infty}\{v_n''(y) - (n\pi)^2 v_n(y)\}\sin nx = 0$. そこで, $v_n''(y) - (n\pi)^2 v_n(y) = 0 \ (n \geqq 1)$ を解くと,
$$v_n(y) = A_n e^{n\pi y} + B_n e^{-n\pi y}.$$

ゆえに
$$\sum_{n=1}^{\infty}(A_n + B_n)\sin n\pi x = 0, \quad \sum_{n=1}^{\infty}\Big(A_n e^{4n\pi} + B_n e^{-4n\pi}\Big)\sin n\pi x = a.$$

ところで
$$a = 2\sum_{n=1}^{\infty}\int_0^1 a\sin n\pi x\, dx \cdot \sin n\pi x = \sum_{n=1}^{\infty}\dfrac{2(1-\cos n\pi)}{n\pi}\sin n\pi x.$$

ゆえに
$$A_n + B_n = 0, \quad A_n e^{4n\pi} + B_n e^{-4n\pi} = \dfrac{2(1-\cos n\pi)}{n\pi}.$$

したがって,
$$A_n = \dfrac{2a(1-\cos n\pi)}{(e^{4n\pi}-e^{-4n\pi})n\pi}, \quad B_n = \dfrac{-2a(1-\cos n\pi)}{(e^{4n\pi}-e^{-4n\pi})n\pi}.$$

よって
$$u = \dfrac{2a}{\pi}\sum_{n=1}^{\infty}\dfrac{(1-\cos n\pi)(e^{n\pi y}-e^{-n\pi y})}{(e^{4n\pi}-e^{-4n\pi})n}\sin n\pi x$$
$$= \dfrac{2a}{\pi}\sum_{n=1}^{\infty}\dfrac{(1-\cos n\pi)\sin n\pi x \sinh n\pi y}{n\sinh 4n\pi}.$$

(2)
$$\begin{cases} \dfrac{\partial^2 u}{\partial x^2} + \dfrac{\partial^2 u}{\partial y^2} = 0 & (0 < x < \pi,\ 0 < y < \pi), \\ u(0,y) = u(\pi,y) = 0,\quad u(x,0) = c,\quad u(x,\pi) = d \end{cases}$$

をみたす解を u_1,

$$\begin{cases} \dfrac{\partial^2 u}{\partial x^2} + \dfrac{\partial^2 u}{\partial y^2} = 0 & (0 < x < \pi,\ 0 < y < \pi), \\ u(0,y) = a,\quad (\pi,y) = b,\quad u(x,0) = u(x,\pi) = 0 \end{cases}$$

をみたす解を u_2 とすると, $u = u_1 + u_2$ で求められる (**重ね合わせの原理**).

$u_1 = \sum\limits_{n=1}^{\infty} v_n(y) \sin nx$ とおくと, $\sum\limits_{n=1}^{\infty} \left\{ v_n''(y) - n^2 v_n(y) \right\} \sin nx = 0$ となる. そこで, $v_n''(y) - n^2 v_n(y) = 0$ を解くと $v_n(y) = A_n e^{ny} + B_n e^{-ny}$. よって $u_1 = \sum\limits_{n=1}^{\infty} \Big(A_n e^{ny} + B_n e^{-ny} \Big) \sin nx$. 境界条件

$$u_1(x,0) = c = \sum_{n=1}^{\infty} \frac{2c(1 - \cos n\pi)}{n} \sin nx,$$

$$u_1(x,\pi) = d = \sum_{n=1}^{\infty} \frac{2d(1 - \cos n\pi)}{n} \sin nx$$

より,

$$A_n + B_n = \frac{2c(1 - \cos n\pi)}{n},\quad A_n e^{n\pi} + B_n e^{-n\pi} = \frac{2d(1 - \cos n\pi)}{n}.$$

ゆえに,

$$A_n = \frac{(1 - \cos n\pi)(d - ce^{-n\pi})}{n \sinh n\pi},\quad B_n = \frac{(1 - \cos n\pi)(ce^{n\pi} - d)}{n \sinh n\pi}.$$

よって

$$u_1 = \sum_{n=1}^{\infty} \frac{2(1 - \cos n\pi)}{n \sinh n\pi} \big(d \sinh ny + c \sinh n(\pi - y) \big) \sin nx.$$

u_2 も同様な方法で求めればよいが, いまの場合は上の結果の u_1 の式で x を y, y を x, c を a, d を b に置き換えたものが u_2 である. よって

$$u_2 = \sum_{n=1}^{\infty} \frac{2(1 - \cos n\pi)}{n \sinh n\pi} \big(b \sinh nx + a \sinh n(\pi - x) \big) \sin ny.$$

(3) **形式的に**フーリエ正弦展開すると

$$\delta_a(x) = \sum_{n=1}^{\infty} \frac{2}{\pi} \int_0^{\pi} \delta_a(x) \sin nx\, dx \sin nx$$

$$= \sum_{n=1}^{\infty} \frac{2}{\pi} \int_0^{\pi} u_a'(x) \sin nx\, dx \sin nx \quad (\text{部分積分して})$$

$$= -\sum_{n=1}^{\infty} \frac{2}{\pi} \int_0^{\pi} u_a(x) (\sin nx)'\, dx \sin nx$$

$$= -\sum_{n=1}^{\infty} \frac{2}{\pi} \int_a^{\pi} (\sin nx)'\, dx \sin nx = \sum_{n=1}^{\infty} \frac{2 \sin na}{\pi} \sin nx.$$

注意 上の計算で

$$\frac{du_a(x)}{dx} = 0 \quad \text{だから} \quad \int_0^\pi u_a'(x) \sin nx \, dx = 0$$

としたくなるが，こうしないのがデルタ関数の特性である．あくまでもデルタ関数 $\delta_a(x)$ は関数 $u_a(x)$ の導関数というだけである．実際上にみられるように，部分積分を用いて微分をはずすのである．

同様にして $\delta_b(y) = \sum_{n=1}^{\infty} \dfrac{2 \sin nb}{\pi} \sin ny$. したがって，

$$\delta_a(x)\delta_b(y) = \sum_{n=1}^{\infty} \sum_{m=1}^{\infty} \frac{4 \sin na \sin mb}{\pi^2} \sin nx \sin my.$$

そこで $v = \sum_{n=1}^{\infty} \sum_{m=1}^{\infty} v_{mn} \sin nx \sin my$ とおいて，$\dfrac{\partial^2 u}{\partial x^2} + \dfrac{\partial^2 u}{\partial y^2} = -k\delta_a(x)\delta_b(y)$ に代入して係数比較すると

$$-(n^2+m^2)v_{mn} = -k\frac{4\sin na \sin mb}{\pi^2}. \qquad \text{したがって，} v_{mn} = k\frac{4\sin na \sin mb}{(n^2+m^2)\pi^2}.$$

ゆえに，

$$v = k \sum_{n=1}^{\infty} \sum_{m=1}^{\infty} \frac{4 \sin na \sin mb}{(n^2+m^2)\pi^2} \sin nx \sin my.$$

ゆえに $u_1 = u - v$ とおくと，u_1 は境界条件 $u_1(0,y) = 0$, $u_1(\pi,y) = 0$, $u_1(x,0) = u_1(x,\pi) = c_0$ をみたすラプラス方程式の解である．よって前問の結果を用いれば，

$$u_1 = \sum_{n=1}^{\infty} \frac{2c_0(1-\cos n\pi)}{n \sinh n\pi}(\sinh ny + \sinh n(\pi - y)) \sin nx.$$

ゆえに

$$u = \sum_{n=1}^{\infty} \frac{2c_0(1-\cos n\pi)}{n \sinh n\pi}(\sinh ny + \sinh n(\pi - y)) \sin nx$$
$$+ k\sum_{n=1}^{\infty} \sum_{m=1}^{\infty} \frac{4 \sin na \sin mb}{(n^2+m^2)\pi^2} \sin nx \sin my.$$

演習 37

(1) $10\cos^2\theta = 5 + 5\cos 2\theta$. ゆえに "$10\cos^2\theta$ のフーリエ展開" $= 5 + 5\cos 2\theta$. このとき $a_n = 0$ $(n \neq 0, 2)$, $a_2 = 5$, $a_0 = 10$, $b_n = 0$ であるから，

$$u = \frac{a_0}{2} + \sum_{n=1}^{\infty} \left(a_n \cos n\theta + b_n \sin n\theta\right) r^n = 5 + 5r^2 \cos 2\theta = 5 + 5(x^2 - y^2).$$

(2) $4x^2 y - y = 4\cos^2\theta \sin\theta - \sin\theta = 3\sin\theta - 4\sin^3\theta = \sin 3\theta$. ゆえに "$4x^2 y - y$ のフーリエ展開" $= \sin 3\theta$, このとき, $a_n = 0$ $(n \geqq 0)$, $b_3 = 1$, $b_n = 0$ $(n \neq 3)$. よって

$$u = \frac{a_0}{2} + \sum_{n=1}^{\infty} \left(a_n \cos n\theta + b_n \sin n\theta\right) r^n = r^3 \sin 3\theta$$
$$= 3r^3 \sin\theta - 4r^3 \sin^3\theta$$
$$= 3r^2 \cdot r\sin\theta - 4(r\sin\theta)^3$$
$$= 3(x^2 + y^2)y - 4y^3 = 3x^2 y - y^3.$$

(3) 極座標 (r, θ) で表すと

$$u = \frac{2}{\omega} \sum_{n=1}^{\infty} \left(\frac{r}{a}\right)^{\frac{n\pi}{\omega}} \left\{ \int_0^{\omega} f(\theta) \sin\left(\frac{n\pi\theta}{\omega}\right) d\theta \right\} \sin\left(\frac{n\pi\theta}{\omega}\right).$$

(4) $u = u(r, \theta)$.

$$\begin{cases} \dfrac{\partial^2 u}{\partial r^2} + \dfrac{1}{r}\dfrac{\partial u}{\partial r} + \dfrac{1}{r^2}\dfrac{\partial^2 u}{\partial \theta^2} = 0 \quad (r < 1) \\ u(1, \theta) = a \quad (0 < \theta < \pi) \\ u(1, \theta) = b \quad (\pi < \theta < 2\pi) \end{cases}$$

を $u = u_0(r) + \sum_{n=1}^{\infty} \left(a_n(r)\cos n\theta + b_n(r)\sin n\theta\right)$ とおいて解く.

$$u_0''(r) + \frac{1}{r}u_0'(r) + \sum_{n=1}^{\infty} \left\{ \left(a_n''(r) + \frac{1}{r}a_n'(r) - \frac{n^2}{r^2}a_n(r)\right)\cos n\theta \right.$$
$$\left. + \left(b_n''(r) + \frac{1}{r}b_n'(r) - \frac{n^2}{r^2}b_n(r)\right)\sin n\theta \right\} = 0.$$

したがって,
$$u_0''(r) + \frac{1}{r}u_0'(r) = a_n''(r) + \frac{1}{r}a_n'(r) - \frac{n^2}{r^2}a_n(r)$$
$$= b_n''(r) + \frac{1}{r}b_n'(r) - \frac{n^2}{r^2}b_n(r) = 0.$$

第 2, 3 式はオイラー方程式. ゆえに $u_0(r)$, $a_n(r)$, $b_n(r)$ は連続関数であることより
$$u_0(r) = C, \quad a_n(r) = A_n r^n, \quad b_n(r) = B_n r^n.$$

よって
$$u = C + \sum_{n=1}^{\infty} r^n \left(A_n \cos n\theta + B_n \sin n\theta\right).$$

したがって,
$$u(1, \theta) = C + \sum_{n=1}^{\infty} \left(A_n \cos n\theta + B_n \sin n\theta\right).$$

ゆえに
$$C = \frac{1}{2\pi}\int_0^{2\pi} u(1,\theta)\, d\theta = \frac{1}{2\pi}\left(\int_0^{\pi} a\, d\theta + \int_{\pi}^{2\pi} b\, d\theta\right) = \frac{a+b}{2}.$$

$$A_n = \frac{1}{\pi}\int_0^{2\pi} u(1,\theta)\cos n\theta\, d\theta$$
$$= \frac{1}{\pi}\left(\int_0^{\pi} a\cos n\theta\, d\theta + \int_{\pi}^{2\pi} b\cos n\theta\, d\theta\right) = 0,$$

$$B_n = \frac{1}{\pi}\int_0^{2\pi} u(1,\theta)\sin n\theta\, d\theta$$
$$= \frac{1}{\pi}\left(\int_0^{\pi} a\sin n\theta\, d\theta + \int_{\pi}^{2\pi} b\sin n\theta\, d\theta\right) = \frac{a-b}{n\pi}(1 - \cos n\pi).$$

よって
$$u = \frac{a+b}{2} + \frac{a-b}{\pi}\sum_{n=1}^{\infty}\frac{1 - \cos n\pi}{n}r^n \sin n\theta.$$

演習 38

(1) (i) $\left\{A_n \cos\left(\dfrac{nc\pi}{l}t\right) + B_n \sin\left(\dfrac{nc\pi}{l}t\right)\right\} \sin\left(\dfrac{n\pi x}{l}\right).$

(ii) $A_n = \begin{cases} \dfrac{32h}{\pi^3 n^3} & (n：奇数) \\ 0 & (n：偶数) \end{cases}, \quad B_n = 0.$

(iii) $\dfrac{32h}{\pi^3} \displaystyle\sum_{n=0}^{\infty} \dfrac{\cos\left\{\dfrac{(2n+1)c\pi t}{l}\right\}}{(2n+1)^3} \sin\left\{\dfrac{(2n+1)\pi x}{l}\right\}.$

(2) $\begin{cases} \dfrac{\partial^2 u}{\partial t^2} - c^2 \dfrac{\partial^2 u}{\partial x^2} = 0 \quad (0 \leq x \leq l), \\ u(t,0) = (t,l) = 0, \\ u(0,x) = \begin{cases} h\dfrac{x}{a} & (0 \leq x \leq a) \\ h\dfrac{l-x}{l-a} & (a < x \leq l) \end{cases}, \quad \dfrac{\partial u}{\partial t}(0,x) = 0 \end{cases}$

をみたす解 $u = u(t,x)$ を求めればよい．例題の解の表現式より，

$$u = \dfrac{2a^2 h}{l(l-a)\pi} \sum_{n=1}^{\infty} \dfrac{1}{n^2} \sin\left(\dfrac{an\pi}{l}\right) \sin\left(\dfrac{n\pi x}{l}\right) \cos\left(\dfrac{cn\pi t}{l}\right).$$

(3) $\begin{aligned} \delta_{vt}(x) &= \sum_{n=1}^{\infty} \dfrac{2}{a} \int_0^a \delta_{vt}(x) \sin\left(\dfrac{n\pi x}{a}\right) dx \sin\left(\dfrac{n\pi x}{a}\right) \\ &= \sum_{n=1}^{\infty} \dfrac{2}{a} \int_0^a u'_{vt}(x) \sin\left(\dfrac{n\pi x}{a}\right) dx \sin\left(\dfrac{n\pi x}{a}\right) \\ &= -\sum_{n=1}^{\infty} \dfrac{2}{a} \int_0^a u_{vt}(x) \left\{\sin\left(\dfrac{n\pi x}{a}\right)\right\}' dx \sin\left(\dfrac{n\pi x}{a}\right) \\ &= -\sum_{n=1}^{\infty} \dfrac{2}{a} \int_{vt}^a \left\{\sin\left(\dfrac{n\pi x}{a}\right)\right\}' dx \sin\left(\dfrac{n\pi x}{a}\right) \\ &= \sum_{n=1}^{\infty} \dfrac{2}{a} \sin\left(\dfrac{n\pi vt}{a}\right) \sin\left(\dfrac{n\pi x}{a}\right). \end{aligned}$

ゆえに

$$u = \sum_{n=1}^{\infty} v_n(t) \sin\left(\dfrac{n\pi x}{a}\right)$$

とおいて与式に代入すれば

$$\sum_{n=1}^{\infty} \left\{v''_n(t) + c^2 \left(\dfrac{n\pi}{a}\right)^2 v_n(t)\right\} \sin\left(\dfrac{n\pi x}{a}\right) = W \sum_{n=1}^{\infty} \dfrac{2}{a} \sin\left(\dfrac{n\pi vt}{a}\right) \sin\left(\dfrac{n\pi x}{a}\right).$$

したがって，

$$v''_n(t) + \left(\dfrac{cn\pi}{a}\right)^2 v_n(t) = \dfrac{2W}{a} \sin\left(\dfrac{n\pi vt}{a}\right).$$

これは定数係数線形微分方程式である．特解を求めると $\dfrac{2aW}{(c^2-v^2)n^2\pi^2} \sin\left(\dfrac{n\pi vt}{a}\right)$（定数係数線形微分方程式の解法を思い出しなさい）．よって（下記の $\{\cdots\}$ 式が $v_n(t)$)，

$$u = \sum_{n=1}^{\infty} \left\{ A_n \sin\left(\frac{cn\pi t}{a}\right) + B_n \cos\left(\frac{cn\pi t}{a}\right) + \frac{2aW}{(c^2-v^2)n^2\pi^2} \sin\left(\frac{n\pi vt}{a}\right) \right\} \sin\left(\frac{n\pi x}{a}\right).$$

したがって初期条件から
$$u(0,x) = \sum_{n=1}^{\infty} B_n \sin\left(\frac{n\pi x}{a}\right) = 0,$$
$$\frac{\partial u(0,x)}{\partial t} = \sum_{n=1}^{\infty} \left\{ A_n \left(\frac{cn\pi}{a}\right) + \frac{2vW}{(c^2-v^2)n\pi} \right\} \sin\left(\frac{n\pi x}{a}\right) = 0$$

となる．ゆえに
$$B_n = 0, \quad A_n = -\frac{2avW}{c(c^2-v^2)(n\pi)^2}.$$

よって
$$u = \sum_{n=1}^{\infty} \left\{ -\frac{2avW}{c(c^2-v^2)(n\pi)^2} \sin\left(\frac{cn\pi t}{a}\right) + \frac{2aW}{(c^2-v^2)n^2\pi^2} \sin\left(\frac{n\pi vt}{a}\right) \right\} \sin\left(\frac{n\pi x}{a}\right).$$

(4) $u = \sum_{n=1}^{\infty} v_n(t) \sin\left(\frac{n\pi x}{a}\right)$ とおいて与式に代入すれば
$$\sum_{n=1}^{\infty} \left\{ v_n''(t) + \left(\frac{kn\pi}{a}\right)^4 v_n(t) \right\} \sin\left(\frac{n\pi x}{a}\right) = 0.$$

そこで $v_n''(t) + \left(\frac{kn\pi}{a}\right)^4 v_n(t) = 0$ を解くと
$$v_n(t) = A_n \cos\left\{ \left(\frac{kn\pi}{a}\right)^2 t \right\} + B_n \sin\left\{ \left(\frac{kn\pi}{a}\right)^2 t \right\}.$$

したがって初期条件から
$$\sum_{n=1}^{\infty} A_n \sin\left(\frac{n\pi x}{a}\right) = f(x), \quad \sum_{n=1}^{\infty} B_n \left(\frac{kn\pi}{a}\right)^2 \sin\left(\frac{n\pi x}{a}\right) = 0.$$

よって $B_n = 0$, $A_n = \frac{2}{a} \int_0^a f(x) \sin\left(\frac{n\pi x}{a}\right) dx$. ゆえに
$$u = \sum_{n=1}^{\infty} \frac{2}{a} \int_0^a f(x) \sin\left(\frac{n\pi x}{a}\right) dx \cdot \cos\left\{ \left(\frac{kn\pi}{a}\right)^2 t \right\} \sin\left(\frac{n\pi x}{a}\right).$$

部分積分を 4 回続けて行えば，
$$\int_0^a f(x) \sin\left(\frac{n\pi x}{a}\right) dx = \int_0^b f(x) \sin px\, dx + \int_b^a f(x) \sin px\, dx \quad \left(p = \frac{n\pi}{a} \text{ とおいた}\right)$$
$$= \left[-\frac{\cos px}{p} f(x) + \frac{\sin px}{p^2} f'(x) + \frac{\cos px}{p^3} f''(x) - \frac{\sin px}{p^4} f'''(x) \right]_0^b$$
$$+ \frac{1}{p^4} \int_0^b f^{(4)}(x) \cos px\, dx$$
$$+ \left[-\frac{\cos px}{p} f(x) + \frac{\sin px}{p^2} f'(x) + \frac{\cos px}{p^3} f''(x) - \frac{\sin px}{p^4} f'''(x) \right]_b^a$$
$$+ \frac{1}{p^4} \int_b^a f^{(4)}(x) \cos px\, dx$$
$$= \frac{\sin pb}{p^4} \left(f'''(b+0) - f'''(b-0) \right) = c\left(\frac{a}{n\pi}\right)^4 \sin\left(\frac{bn\pi}{a}\right).$$

ゆえに

$$u = \sum_{n=1}^{\infty} \frac{2ca^3}{(n\pi)^4} \sin\left(\frac{bn\pi}{a}\right) \cos\left\{\left(\frac{kn\pi}{a}\right)^2 t\right\} \sin\left(\frac{n\pi x}{a}\right).$$

(5) $\delta_b(x) = \frac{2}{a} \sum_{n=1}^{\infty} \sin\left(\frac{bn\pi}{a}\right) \sin\left(\frac{n\pi x}{a}\right)$ である。$u = \sum_{n=1}^{\infty} v_n(t) \sin\left(\frac{n\pi x}{a}\right)$ とおいて与式に代入すれば

$$\sum_{n=1}^{\infty} \left(v_n''(t) + \left(\frac{kn\pi}{a}\right)^4 v_n(t)\right) \sin\left(\frac{n\pi x}{a}\right) = \frac{2A}{a} \sum_{n=1}^{\infty} \sin\left(\frac{bn\pi}{a}\right) \sin rt \ \sin\left(\frac{n\pi x}{a}\right).$$

そこで $v_n''(t) + \left(\frac{kn\pi}{a}\right)^4 v_n(t) = \frac{2A}{a} \sin\left(\frac{bn\pi}{a}\right) \sin rt$ を解く. この方程式の特解は

$$\frac{\frac{2A}{a} \sin\left(\frac{bn\pi}{a}\right)}{\left(\frac{kn\pi}{a}\right)^4 - r^2} \sin rt.$$

したがって,

$$v_n(t) = A_n \cos\left(\frac{kn\pi}{a}\right)^2 t + B_n \sin\left(\frac{kn\pi}{a}\right)^2 t + \frac{\frac{2A}{a} \sin\left(\frac{bn\pi}{a}\right)}{\left(\frac{kn\pi}{a}\right)^4 - r^2} \sin rt.$$

ゆえに $u(0, x) = u_t(0, x) = 0$ より

$$A_n = 0, \quad B_n = -\frac{2Ar}{a} \frac{\sin\left(\frac{bn\pi}{a}\right)}{\left\{\left(\frac{kn\pi}{a}\right)^4 - r^2\right\}\left(\frac{kn\pi}{a}\right)^2}.$$

よって

$$u = \frac{2A}{a} \sum_{n=1}^{\infty} \frac{\sin\left(\frac{bn\pi}{a}\right)}{\left(\frac{kn\pi}{a}\right)^4 - r^2} \left\{-\frac{r}{\left(\frac{kn\pi}{a}\right)^2} \sin\left(\frac{kn\pi}{a}\right)^2 t + \sin rt\right\} \sin\left(\frac{n\pi x}{a}\right).$$

演習 39

(1) (i) $c = \sum_{n=1}^{\infty} \sum_{m=1}^{\infty} f_{nm} \sin\left(\frac{n\pi x}{a}\right) \sin\left(\frac{m\pi y}{b}\right)$,

$f_{nm} = \frac{4}{ab} \int_0^a \int_0^b c \sin\left(\frac{n\pi x}{a}\right) \sin\left(\frac{m\pi y}{b}\right) dxdy$

$= \frac{4c}{ab} \int_0^a \sin\left(\frac{n\pi x}{a}\right) \left\{\int_0^b \sin\left(\frac{m\pi y}{b}\right) dy\right\} dx = \frac{4c(1 - \cos m\pi)(1 - \cos n\pi)}{mn\pi^2}$.

(ii) $xy = \sum_{n=1}^{\infty} \sum_{m=1}^{\infty} f_{nm} \sin\left(\frac{n\pi x}{a}\right) \sin\left(\frac{m\pi y}{b}\right)$,

$f_{nm} = \frac{4}{ab} \int_0^a \int_0^b xy \sin\left(\frac{n\pi x}{a}\right) \sin\left(\frac{m\pi y}{b}\right) dxdy$

$= \frac{4}{ab} \int_0^a x \sin\left(\frac{n\pi x}{a}\right) \left\{\int_0^b y \sin\left(\frac{m\pi y}{b}\right) dy\right\} dx = \frac{4ab \cos m\pi \cos n\pi}{mn\pi^2}$.

(iii) $xy = \sum\limits_{n=1}^{\infty} \sum\limits_{m=1}^{\infty} f_{nm} \sin\left(\dfrac{n\pi x}{a}\right) \sin\left(\dfrac{m\pi y}{b}\right),$

$\begin{aligned}
f_{nm} &= \dfrac{4}{ab} \int_0^a \int_0^b (x+y) \sin\left(\dfrac{n\pi x}{a}\right) \sin\left(\dfrac{m\pi y}{b}\right) dx dy \\
&= \dfrac{4}{ab} \int_0^a x \sin\left(\dfrac{n\pi x}{a}\right) \left\{ \int_0^b \sin\left(\dfrac{m\pi y}{b}\right) dy \right\} dx \\
&\quad + \dfrac{4}{ab} \int_0^a \sin\left(\dfrac{n\pi x}{a}\right) \left\{ \int_0^b y \sin\left(\dfrac{m\pi y}{b}\right) dy \right\} dx \\
&= \dfrac{-4}{mn\pi^2} \left(a \cos n\pi (1 - \cos m\pi) + b \cos m\pi (1 - \cos n\pi) \right).
\end{aligned}$

(2) $u = \cos(\sqrt{5}\, t) \sin x \sin 2y.$

演習 40 省略.

索　引

あ 行

一般解　7
一般積分　7
陰関数表示　6
円形膜の振動　138
オイラー方程式　54, 56

か 行

解軌道　61, 64
階数低減法　35
解析的　73
階段関数　129, 142
回転 (rot)　101
解の一意性　92
解の基本系　37, 38, 48, 51, 55, 78
　　──の存在　95
解の定性的性質　61
重ね合わせの原理　47
渦心点　66
完全微分型 (形)　22
ガンマ関数　142, 150
奇関数拡張　120
危点　64
境界値問題　123
極座標変換　15
局所的に存在　91
偶関数拡張　120
区分的に連続　118
　　──な関数　149
鞍点　65
クレロー方程式　31
結節点　65
決定方程式　79

広義積分　148
合成積　143
項別積分可能　96
　　──定理　82
項別微分可能　96
コーシー問題　12
固有関数　124
固有値　62, 124

さ 行

収束域　97
収束半径　73, 82, 97
重複度　49
シュレディンガー方程式　102
上極限　97
消去法　57, 58
常微分方程式　6
初期条件　12, 91, 93
初期値　12, 93
　　──問題　12, 113
初期値・境界値問題　132
自励系　69
シンプソンの公式　84
正規型　11
正規直交関数系　116
正弦級数　120
正弦展開　120, 132
斉次型　16
斉次関数
　　k 次の──　16
積分因子　26
　　──法　26
積分曲線　7
絶対可積分　147

絶対収束　96
線形　18
線形自励系　61, 67
線形微分方程式　36
　斉次——　37
　定数係数——　42
　非斉次——　39
双曲型　112
相平面　61, 65

た　行

台形公式　83
楕円型　112
たたみこみ　143
ダランベールの解　114, 133
ダランベール法　113
逐次近似法　83
中心　66
超関数　129
長方形膜の振動　135
直交関数系　116
定数変化法　19, 39, 45
ディリクレ条件　117
ディリクレ問題　128
テーラー級数　75
テーラー展開　98
デルタ関数　129
導関数のラプラス変換公式　143
同次型　16
特異解　14
特異積分　29
特異点　61
特解　39
　——利用法　44
特性解　42
特性方程式　42, 48
特別解　39

な　行

ナビエ・ストークス方程式　102

二項展開　82
熱伝導方程式　138

は　行

発散 (div)　101
波動方程式
　1 次元——　114, 132
　2 次元——　136
パラメータ変化法　40
ピカールの方法　12, 86
微分方程式
　1 階——　11
　n 階——　6
　解析的——　72
　高階　34
　定数係数高階線形斉次——　50
　定数係数高階線形非斉次——　51
　定数係数 2 階線形斉次——　43
　定数係数 2 階線形非斉次——　46
　連立——　59
標準形　63
フーリエ解析　148
フーリエ級数　115, 116, 146
　——展開　118
　——法　138
　2 重——　135
フーリエ変換　148
フーリエ余弦展開　120
平衡点　61
べき級数法　72, 73, 77, 80
ヘビサイド関数　129
ベルヌイ型 (形)　21
変数分離型 (形)　13
変数分離法　123, 134
偏微分方程式　103
　1 階——　107, 109
　定数係数 1 階——　110
　定数係数 1 階線形——　108
　定数係数 2 階線形斉次——　111
　2 階——　111

放物型　112
ポテンシャル流れ　101
ポワソン積分　130

ま　行

マクスウェル方程式　101
マクローリン展開　98
マクローリンの定理　98

や　行

有界変分関数　146
余弦級数　119

ら　行

ラグランジュ方程式　30
ラプラス逆変換　142
ラプラス変換　141
ラプラス方程式　127, 131
リプシッツ条件　92
臨界点　61
ルンゲ・クッタ法　87
連続の方程式　101
ロンスキー行列式　40, 49

二宮 春樹 略歴
にのみや はるき

1969年　京都大学理学部数学科卒業
1974年　京都大学大学院理学研究科
　　　　博士課程単位取得満期退学
現　在　大阪工業大学教授
　　　　博士 (理学)

主要著書

微分方程式 (朝倉書店, 1984)
応用解析の基礎 (朝倉書店, 1996)

Ⓒ　二宮春樹　2002

2002 年 3 月 15 日　初 版 発 行
2007 年 11 月 5 日　初版第 5 刷発行

例題から学ぶ 微分方程式

著　者　二宮春樹
発行者　山本　格

発行所　株式会社　培風館

東京都千代田区九段南 4-3-12・郵便番号102-8260
電話 (03)3262-5256(代表)・振替 00140-7-44725

東京書籍印刷・坂本製本
PRINTED IN JAPAN

ISBN978-4-563-01101-7 C3041